U0886661

做最有影响力的图书

中国出版集团 研究出版社

如何掌控自己的时间与生活

拖延症心理学

DO IT NOW！

立刻 现在 马上！

雾色◎著

中国出版集团 研究出版社

图书在版编目（CIP）数据

拖延症心理学：如何掌控自己的时间与生活 / 霁色
著. -- 北京：研究出版社，2017.6
ISBN 978-7-5199-0112-7

Ⅰ. ①拖… Ⅱ. ①霁… Ⅲ. ①成功心理—通俗读物
Ⅳ. ①B848.4-49

中国版本图书馆 CIP 数据核字 (2017) 第 146922 号

拖延症心理学：如何掌控自己的时间与生活

出品人　赵卜慧
作　者　霁　色
责任编辑　寇颖丹
责任校对　张　琨
发行总监　黄绍兵
出版发行　研究出版社
地　址　北京市东城区沙滩北街 2 号中研楼
邮政编辑　100009
电　话　010-63292534　63057714（发行中心）
63055259（总编室）
传　真　010-63292534
网　址　www.yanjiuchubanshe.com
电子信箱　yjcbsfxb@126.com
印　刷　北京市玖仁伟业印刷有限公司
开　本　710 毫米 ×1000 毫米　1/16
印　张　14
版　次　2017 年 7 月第 1 版　2017 年 7 月第 1 次印刷
书　号　ISBN 978-7-5199-0112-7
定　价　39.80 元

序　言

拖延成瘾？你的老毛病该戒掉了

为什么你的任务总是无法按时完成？为什么总有人嫌弃你的工作效率不够高？为什么你一次次因为超期没能达成目标而沮丧？

别犹豫了，你肯定是又犯了拖延症！

在现代社会，承认自己有拖延症已经不算是什么丢人的事，事实上，大部分人都应该坦然承认——我就是有拖延症。手机这么好玩，衣服这么好看，大千世界总有一些转移我们注意力的东西，最终导致工作、学习上的拖延也很正常。根据一项调查，现代人的拖延状况不仅变得更加普遍，拖延的情况也比过去严重许多。我们，正在逐渐被拖延症所侵蚀。

有时候，拖延症还是一个让人上瘾的毛病。当任务临期却没能完成时，我们往往会感到非常紧张、焦躁，而这种焦躁会促进肾上腺素的分泌，让人瞬间有了“超人”的能力——你会发现，自己的效率陡然提升了许多，专注程度也增加了。如果最终恰好能赶在期限前完成任务，那这种成就感和满足感也会让你上瘾。所以，拖延症所带来的劣质快感，会让我们爱上这种“心跳加速”的感觉，最终形成“有瘾”的拖延问题。

问题是，我们能保证一次按时完成，两次呢？三次呢？且不说这样赶工的效果好不好，万一有一次因为拖延而导致大问题，后果就不是你我能轻松承受的。所以，爱上拖延是一种罪过，必须要提早拔除病根。

拖延带来的危害是巨大的。时间的流逝总是悄无声息，让人难以察觉。能抓住时间的人，才是生活的赢家。拖延现象说到底就是浪费时间，如果我们不能高效利用那些不经意的点滴时间，生活就会陷入忙乱、碌碌无为的状态。时间沙漏真的只有最下端的出口吗？生命中一点一滴的时间如果不利用，就像在生命的计时沙漏上凿出了更多小孔，时间在加速流逝，生命在无意义地前行，而我们的工作、生活，都会因为拖延症而变得一团乱。

你拖延的不只是现在的一刻，而是你未来一生的道路。

所以，抓紧时间行动起来，跟拖延症决斗吧！总有些人不了解自己到底犯了什么类型的拖延症，应该怎样解决才最好，而这本书就能给你答案。在这里，你能将自己的拖延症“对号入座”，清楚地发现到底是哪里出了问题，这样再去跟拖延症对战一次，就可以“知己知彼，百战百胜”了。

希望每一位深受拖延症困扰的朋友，都能在这本书的帮助下摆脱它，这样才不会辜负你的生命与努力。

目录

第七章　执行力等于一切，有了它再不怕拖延 // 189

第一章

为什么拖延症偏偏看上我?

crastination procrastination procrastination procrastinat

总有一种病，你有我有全都有——拖延症

都说“思念是一种病”，而在现代社会，拖延症似乎也成了一种病。拖延症看似是个小毛病，平日并不显山露水，偶尔拖延了工作、计划进度，不会动摇大局。但拖延症并不会自愈，反而时时刻刻侵蚀着我们的生活，如温水煮青蛙，我们却不自知。直到某个关键时刻“病来如山倒”，一下子击垮我们的事业、学业甚至未来。

我们时常膜拜身边的各种“大神”，看到朋友圈里每周打卡的健身达人：“哇，他下了班还去游泳，好健康！我来点个赞。”看到经常读书写字的同事：“人家带着孩子还有空看书，美女果然做什么事都漂亮！我来点个赞。”又或者突然的某天，在社交网络看到许久不联系的高中同学心中也会暗暗感叹，“这小子什么时候跑国外镀金去了，我来点个赞”。

称赞别人时我们有没有低头看看自己：准备做家务时，感觉晚饭吃多了，不如先躺沙发上刷个朋友圈消消食儿吧，于是直到睡前还在“消食儿”；忙了一天好累好困，先放松十分钟，明天报告用的 PPT 过会儿再做吧，于是整晚都“忙于”放松休闲；夏天想要减肥，兴致勃勃办了健身卡，等到夏天结束了也只是去健身房洗了几个澡……想法特别多，行动特别少。

更令人沮丧的是，拖延症这种病还会传染。周末的早晨，

计划早起去图书馆的你看到舍友们都在睡觉，便也安心地合上眼，睡过了整个周末；下班路上说好一起去健身的同事，临时有事，你也就安心地回家看起了电影；听到同组的工作搭档也没有完成报告，心里顿时没有了紧迫感，怕什么嘛，反正别人也没做完。

拖延症——这个潜伏在我们生活中的“暗夜杀手”正悄悄地蚕食着我们的生活，并快速地在人群中传播。它影响着我们的工作、学习效率，击败我们勤劳能干的精神，你感受到危机了吗？

以前认识一个朋友小刘，是个挺聪明的姑娘，大学读的是很多女生望而却步的工科专业。我和她相识很久，见证了她整个大学时代：

大一时她想去日本读书，要我陪她去留学机构咨询，自己也买了日语自学的网络课程。我们日常小聚，也会教我几句日文。当我满心期待她的留学之旅时，她告诉我，自学日语好难好孤独，她找了男朋友，以后要留在国内。

大二时她告诉我，要和男朋友一起去美国留学。终于有人陪她一起学习进步了，我很高兴。那段时间她经常在社交网络展示自己的学习成果，图书馆总有她学习的身影。但这一次，她依然没有坚持住，慢慢的照片内容又变成了游戏与美食。

到了大三，班里大部分同学都开始准备考研，小刘说，她不想再体验一次高考那般千军万马过独木桥的感觉，便说服舍友陪她一起去法国留学。小刘信誓旦旦告诉我，她的表姐在法国生活多年，有表姐的督促，肯定能过了语言类。这一次，我没有多说什么。结局可想而知，她依然没有去法国读书，据说只是咨询了留学的项目后就没有了下文，反倒是陪她一起学习的舍友，去法国读了研究生。

毕业后小刘去了一家不错的单位，工作地点却在离家几千公里的城市。先是打算考几个行业内需要的国家注册证书为自己充电，后因为听闻舍友要二战考研，她又动了继续学习深造的念头，报名了在职研究生考试。最终什么都没有完成，她说工作太累了，没时间学习。

一年后因为受不了与男友两地分隔，没等自己的工作转正，便辞职回到家乡，想要脱产学习，专心考研。当然也没有成功。她说，他的父母给自己找了份轻松的工作，希望她能早点结婚安定下来……

后来，当朋友们一个个毕业、结婚、工作、升职，我再也没了小刘的消息。

我们不能否认她学习、工作的能力，也无法将她定义为一事无成的人。但我知道，她做事总是难以坚持，想法大于行动。她追求更好生活的目标很美好，也不会轻易被失败打倒，可失败的次数那么多，难免让人怀疑她的能力。

谁都有疲惫、颓废的时候，希望等一等再努力，面对前方未知的挑战也难免会退缩。拖延症不是一个医学范畴的词语，也从没有一个准确的定义，但它说到底，源自我们内心对困难事物的抗拒和对自己做事效率的盲目自信，这其中多半还掺杂着懒惰和自我宽慰。

最可怕的不是患上了拖延症，而是任其发展而不去约束，甚至有些人还享受因为拖延症而不得不在期限来临前疯狂完成任务的快感。因为往往这样的过程，会让自己感受到“效率”，甚至沾沾自喜：边玩边工作，最后也能完成任务；临考前再突击复习，记得清楚成绩更好。而事实上，由“突击”完成的一切，往往经不起推敲。读书百遍其义自见，几天前看完的书本，也会在几天后忘得一干二净。突击完成的报告，难免疏漏，最终给领导留下不仔细、不认真的印象。

一次次的侥幸过关，维持着不好不坏的成绩，不上不下的职位，真的是我们想要的吗？比上不足，我们安慰自己先天双商“欠费”，走好自己的路就好。比下有余，便在心里窃喜，总有垫底的，我不是最差的。最悲哀的不是平凡，而是甘于平庸。所以，我们还要被拖延症统治多久？囿于过去怎么行，别再因为已经被拖延症耽误的从前而自责了，接受不完美的自己，与过去的生活和解。重要的是当下，从现在开始，从这一刻开始，我们要行动起来，与拖延症战斗到底！

“明天”，一个不能让拖延症患者听到的词汇

小时候，我们都背过那首《明日歌》：“明日复明日，明日何其多，我生待明日，万事成蹉跎。”诗中描述的“明日复明日”不就是大多数拖延症患者的“症状”吗？只要不是最后一天，说什么我也不做！心里明明也很慌张，但就是有一股神秘的力量在“蛊惑”自己：今天状态不佳，等到明天，等我开心的时候一定很快完成。

虽然每当这时，心里总有一丝小愧疚，但是“明天”这个备选项对拖延症患者来讲，真的太好用了。不过事情拖到明天真的就能很快完成吗？也许明天到来时，我们又会想：“今

天心情好，不想被工作、压力打扰，就彻底地放松一下好了，明天平静了再做。”这才是真的应验了“明日复明日”啊朋友们。

不仅是自己的拖延症，让“明日”没有保障，日常工作、学习繁忙，谁又能真的保证明日不会有新的任务来到呢。其实，我们都知道，今天不想做的事情，明天也不会想做。可是当我们想去吃一顿美食、看一场好电影时，会舍得让自己明天再去吗？

早年间我从事教育工作时，遇到很多本科毕业考研的学生。他们来自各类大学各种专业。有的考上了很厉害的名校，有的勉强过线去了普通一些的大学，还有近半数的学生没有考过。研究生入学考试不像高考，有各科老师耳提面命，而是完全靠自己。这对有拖延习惯的学生来说，真的是巨大的考验。

这其中有两个典型学生，小迪和小北，我至今印象深刻。小迪本科就读于一所普通工科院校，学会计专业，最后考取了重点大学的法学专业。小北来自同一所工科院校的王牌专业，考试后第一志愿没有录取，最后通过调剂名额留在了本校。两人准备时间都是一年，复习初期也都做了考研计划，都是挺认真的两个小姑娘，为什么最后的成绩是这样呢？

差别就体现在两个人的学习计划上。小迪因为担心自己本科专业没有优势，又要跨专业考名校，从很早就开始做计划着手复习。她规定了自己每天的学习时间，将每个时间段都分配得十分具体。每个月要学习的科目先列好，每周再做一次更加详尽的周计划，具体到每天每本专业课需要看完的页数。

小北的计划也是按月分配，但她是要求自己在某月之前看完几本专业课，在几周之内背完几遍单词。虽然也有限制，设定了大的目标，但是没有更加细化，把大的任务分解。小北考完后在与我的交流中也反思自己，计划太笼统不够精细，每当不想学习时就会给自己找借口："没关系，只要这个月看完这本书就好了，今天不看还可以明天多看一点。"正是因为给自己留有各种余地，小北的复习过程完全是前松后紧，最后几个月累得不成样。恰恰她要准备的专业，是需要日积月累大量做题的，仅仅是最后几个月的突击，当然不能准备充分。

反观小迪的复习历程，她学习的法律专业完全是依靠背诵，但她没有用短期记忆应付偷懒。有条不紊的计划，也让她的心里没有过大压力，反而发挥更好。

"明天"充满了新的希望，但用"明天"作为拖延的借口，却是对碌碌无为的今天做出的最无力的辩解。但我相信，每个拖延症患者都有一颗上进的心。就像小时候老师教导我们的那样，谁不想做个时间规划的"小主人"呢。

拖延症患者不能听到"明天"两个字，就像鼻炎患者不能闻到花粉一样，一碰就"发病"。不如就让我们一起，治一治这恼人的"明天过敏症"。

【拖延症诊断】

用"明天再做"当借口，是很多拖延症患者的"最爱"，我们痛恨自己的被动，却又无能为力。不过咱们在自我批评之前，先要分清一个观念：什么行为是拖延，而什么决定又是推迟呢？一位外国心理学研究的前辈曾经做出过定义，咱们直白点说

“拖延就是明知结果有害，您偏偏就是要闭着眼不顾后果地拖着不做。”

敲黑板，画重点：“明知结果有害、不必要、自愿推迟。”所以大家分清楚了吗，有时候不必给自己太多压力，确实因故的推迟或者事情的条件时机还未成熟是可以理解的。但是因为以下几种原因造成的拖延，可就真的要反省了：

1. 因为个人抵触情绪而拖延

“这工作好麻烦，明天再做吧”“今天实在是没兴趣看文献，明天再说吧”“今天效率低，总想看球赛，明天肯定能更专注”您看看这些理由，有没有觉得膝盖中箭了呢。这应该是大多数拖延症患者的心理写照吧。总是那么自信，相信明天会更好。醒醒吧，明天的你依然不会去做的！因为你从心里就不愿意接受那些要求与挑战。

如果只做没有难度，不麻烦的工作，我们进步、提升的意义在哪里，如果每天机械重复简单的、不用动脑的工作，我们和咸鱼又有什么区别。还有处于学生时期的一些同学，心里明明知道那么多大道理，听老师讲“滴水穿石、日积月累”大概耳朵都要长茧了，却总想要看一本书就成为专家，做一套卷子就能考试全过。只因为那些知识枯燥，乏味，自己的心情像个脆弱的小公主需要电视剧和美食来呵护。

为何要疏于对自己的情绪管理呢？为何要那么任性呢？心情不好就要停止一切工作，什么都做不下去的人，大概您还是个不成熟的小娃娃。

2. 因为不合理的计划而拖延

这一类的拖延症，就像小北一样，对自己要完成的任务没有全面的估量。明知道工作量大，时间紧任务重，却还持有一种“差不多、大概能完成、稍微剩一点明天也能补上”的心态。这类人大多乐天派，惯用乐观的心态看待一切。甚至因为拖延，完不成工作，也会安慰自己：“小事一件，赶紧补上就好。”乐观的心态当然重要，但什么都不放在心上或做事自由散漫也难免叫人着急。

真正“高级”的乐观，应该是外表看似轻松、淡然，实则对事情把控有度，有严谨的计划，能有条不紊地完成工作。通俗的说法就是“心里有数”。

3. 因为不顾事情重要性而拖延

这种情况，应该属于“心里没数”的另一种表现。有些人对自己的责任、工作根本没有明确的认识。不去想自己到底有多少重要的工作没完成，只一味地做自己想做的事情。又或者说，他在逃避思考，让大脑处于低电量模式。大概最常见的情绪表现就是：“不管啦，等真的着急再做吧”，“反正没人催我，没人告诉我这件事该怎么做，我就装不知道”，“这次考试这本书不是重点，先不看了，等需要再看。”

有时候，他们不是不知道这件事情有多重要，只是重要性没有体现，就不去关注，又或者真的分不清主次与事情的重要程度。

若我们是因为年轻、经验不足难以把控事情的重要性，还情有可原。只要多经历，慢慢地就能站在全局角度评估工作的重要性了。

但若是前者的情况，我建议您赶紧改一改。这样的拖延，最终不会让本该属于你的工作减轻半分，现在不学的知识也总有一天在工作中要花更多时间及更大代价补回来。

【“抗拖”方案】

如何将“明天再说、明天再做、我还有明天”的念头遏制住呢？我们可以通过一个循序渐进的过程来锻炼自己：

不要沉湎于情绪，有些情况下减少对自己的关注。身边很多小有成就的朋友都有一个特点——能够控制自己的情绪。他们不是情感淡薄而是思维冷静，工作时候就是投入的、专注的，不会去管今天是不是阴雨天气心情压抑，也不会因为同事产生纠纷而耽误工作。不将个人情绪带入工作中，是基本的职业素养，也是专业精神的体现。

如果很伤心，并且难以缓解，那就不去缓解，去做你应该做的事情。有时甚至忙碌的工作与投入的学习更能让你忘记痛苦。不要总给自己“加戏”，生活不易，大家都在努力，为何只有你在自怨自艾，甚至因为抵触要做的事情，而暗示自己的痛苦与不幸。

每个人总有不顺的时候，情绪的低谷也经常猝不及防地袭来。我们要理智，也要以平常心看待。悲伤与难过永远不是我们止步不前的借口。

制订计划要到位，可别眼高手低。那些平时做事没有计划性又含糊的小糊涂神们，可以借鉴上学时老师用到的方法，顺便也能找找做学生的感觉。

比如像课程表一样列出近期的计划，分配好顺序，再规定出每一件事情的用时。就像上课检查课表一样，随时拿出计划表看看，也能提醒自己，远期任务与当下要做好的工作。对于要学习吸收的知识类任务，也可以像老师给我们讲课一样，自己给学习内容做出单元划分，再做出每天的学习量划分。这样就不会毫无头绪，也能减轻一定的心理压力。老话说得好："饭要一口一口吃，路要一步一步走。"

对自己"狠一点"，不要留下可以拖延的机会。这个要求，要结合上面制订计划的方法一起实现，也就是制订计划时不要太宽松。比如，给自己一整个下午仅安排一项看书任务。这书怎么看？看多少页？要不要做摘抄笔记？不能太笼统了！

哪怕这一下午你确实没有其他工作与学习的任务，也要给自己找一点事情搭配与调剂。比如出门运动一小时，做家务一小时，再结合看书一小时。这样既给既定的看书任务紧迫感，也能高效利用时间去做更多的事情。要知道在工作上习惯拖延的人，在生活中也比较懒惰。

惯于拖延的人，很难守住自己的底线。为了拖延，底线可以无穷低，所以别给自己修改底线的机会，适当的时候也要逼自己一把。

"再给我一点时间，它还能更完美"——完美主义更爱拖延

星座爱好者总爱揪着处女座的"完美主义精神"不放，凡事都要求极致，都要做到最好。虽然心疼各位处女座小天使，但我们抛开星座不谈，来聊聊生活中总会遇见的完美主义者。

每个人对"好"的标准都有自己的定义，一项工作自己认为做好了，可能别人并不满意。一件家务活，自己认为做好了，可能妈妈并不满意。比如有些人对"完美主义"的最初印象是

来自于家里的父母们：

“这就是你收拾的房间呀，太不利索啦！”

“你的衣服、鞋子都摆整齐一点，看着太乱了。”

“这菜洗得一点不干净，还带着泥呢！”

……

爸妈，求放过呀！你们不要这么追求完美吧！衣服不乱扔就好了嘛，为什么还要管我有没有叠起来。在外呼风唤雨的各位回到父母身边都变成了需要照顾的宝宝，他们上得厅堂下得厨房，十八般厨艺样样精通。一个家的整洁是他们在维持，我们做不好的地方，确实要遭到“嫌弃”。所以这种要求，可算不上是追求完美，要求苛刻。我说的完美主义者，若是遇上这些工作，可不会像他们一样让你轻松过关的。

小金是个特别细心的女孩儿。从小就是认真学习的乖乖女，衣服会自己洗好整齐地叠放在衣橱里；作业永远写得认认真真，干净整洁。

就是这学习成绩，总是在中游徘徊。父母也着急，孩子不是不刻苦认真，却总是与付出不成正比。后来才知道，是孩子太“小心”了。考试卷子，会的题做完了要认真检查后才去做下一道，不会的也要纠结很久，所以常常到了交卷时间做不完卷子。

工作以后这个问题依然存在。业务能力是有的，做工作也细致，报表基本不会出错。领导对小金的评价却是：“做事很认真，就是效率太低了，不催着不知道主动交报告。”

小金自己说，她不是不知道自己做事效率低，可做什么工作就是担心出错。每次都要反复检查，看到一点点不满意的地方都会反复修改。不这么做，心里就过不去那个坎儿。甚至有时工作上出现问题，她都会反复在心里纠结，“如果当时再看一遍就好了，如果再多点时间就好了”。

这世上本就没有完美的事物，不停追求完美的人，其实是在追求某些虚无的极致。深究他们的想法，大抵是源于对偏离或失败的担心，所以不断地完善，因为不想迎来结果，不愿接受事实。

这样的行为会引起两种结果：第一种，做事拖沓、磨蹭且瞻前顾后，造成了拖延。第二种，开始时热情投入，对工作有不罢休的势头，却因为在工作过程中，不完美的情况不断出现，他们难以接受事实，而失去热情，中途开始拖延。

并且完美主义者对不完美的事物通常难以忍受，总想凭一己之力改变。于是他们常常草率地开始某项工作，快速制订计划并义无反顾去执行，但还是因为难以改变的现状，给他们带来了挫败感，在挫折、愤怒的海洋中沉浮，进而对做事失去热情，养成拖延的习惯。

【拖延症诊断】

那些因为自己的“完美主义追求”而带来拖延症的你，一定很委屈吧：“自己明明出发点是好的，谁不想做事漂亮又完美呢。”但凡事讲求个“适度”，费了好大的力气去追求完美，而费的那些力气又能将事物本身提高多少呢，到头来却耽误了效率，多不值得。

现在大家都流行说一句：“老铁，扎心了。”但各位老铁，有些难以直面的事实我们不得不说：能力达不到的情况，花再多时间，也很难达到十全十美。所以有时间去反复不停地重复某项工作，不如把精力用在提高自己上面。

1. 你是否经常纠结，某件事如果换一种方式去做，结果会更加理想？

已经发生的事情谁都无法改变，这是小朋友们都懂得的道理。大朋友们却经常在这个问题上纠结。当然了，后悔从来不是人类能够摆脱的情绪，遇到无能为力的结果，难免会去想“如果”。但若总是在事情结束后纠结，不仅使人被消极情绪困扰，还会在下一次遇到类似问题时产生抵触、怀疑的念头，更不敢放手去做。

有些追求完美的人，可能并不会察觉这样的行为有何不妥，他们甚至会认为这是一种反思：你看我在每件事后都会总结自己，紧紧抓住自己的“错误”不放，反复琢磨，反复回忆。多努力，多刻苦，对自己要求多么严格呀！我们就是要反思过去，止步不前，从哪里跌倒，就从哪里坐着哭！

于是拖延的现象又产生了，我该不该去做？去做了会不会依然做不好？我还是别冲动了吧，不做就不错。

2. 你是否认为自己做事总是全力以赴，心中却疲惫渴望放松？

每个完美主义者心中都有一簇追求极致完美的小火苗，照亮自己工作学习的道路。因为对一切事物要求完美，在任何细节上都不允许出错，他们往往很难接受失败，也听不得别人的指责与批评。在做任何工作时，他们总会做大量的事前准备，要把所有执行过程可能遇到的问题都一一列举，并针对所有可能的情况都做出应对准备。

往往这一过程是冗长、过分繁杂且不是完全有必要的。有时候周围人的一句“多此一举”，就像一盆冷水，浇在了心中的小火苗上。不是不委屈，可为了追求自己的“十全十美”，重燃希望的小火苗，只能咬牙坚持。时间久了，心中疲惫万分。

旁人的不认同，做了万全准备依然不能完美完成任务，种种挫败感，一次一次打击着完美主义者脆弱的内心，令他们困窘不安。很多计划与工作，还没开始就已经结束。拖延症再一次气势汹汹地到来，呈现出来的状态就是，做事只有脑子一热的开头没有了下文，很多计划只是在脑内徘徊，遇到一点阻挠就再没有实现的可能。

3. 你是否不断否定别人的工作成果，并会亲自再做一遍？

这种拖延症的情况，比较特殊，你若说他做事拖延，可他在很努力地做一切自己能做到的事情。最终却因为一个人能力有限，勉强完成工作。拖延了计划时间，效率低下，浪费人力物力，还落得个好大喜功的评价。

这类拖延症患者凡事亲力亲为，不信任别人，因为别人永远达不到自己的要求。他们总持有一种特殊的心理：这件事必须我自己完成，别人做了我若不满意还要再来一遍，还不如我自己做完舒心。他们没有一刻停歇，甚至要累坏自己。他们渴望得到别人对他们任劳任怨、付出一切的行为大加赞美，但最终结局也只有自己感动了自己。

【“抗拖”方案】

想要摆脱这样的拖延症，首先要摆脱凡事追求极致完美的心态。虽然做什么事都要有计划性，但对这类拖延症人群，还是应该洒脱一点，多一点想做就做的冲动。

别跟自己“较劲”，不要用过去的错误惩罚自己

对自己的不满，才是完美主义者进步的最大阻碍。因为固执地要求完美，而现实大多求而不得，所以在这类拖延症人群身上，很难出现自我激励的正能量情绪。没有自我激励，缺少动力，做起事情就会磨磨蹭蹭，不停地拖延其实就是不愿意接受结果，难以面对失败。更何况，他们定义的“失败”，也不是真的失败。

为何要与自己较劲呢？地球依然转着，太阳照常升起。你不是背负拯救世界任务的英雄，你只要有责任心，认真及时完成自己的工作、学习，就够了。即使有一点点小错又如何呢？不犯错误怎么能知道哪里不足。你有野心，却难以接受自己能力不足的事实。有那自怨自艾的功夫，不如认真思考如何给自己“充电”，提升自己。

最不应该的，就是借着反省的名义，进行自我讨伐，给自己制造心灵战争。真正的反思是反而有思，从错误中汲取经验，并期待下一次挑战时可以做得更好，而不是把对自己的不满放大成自卑。

所有的经历，无论好坏都应是生活赋予我们前进的动力，而不应该是前进路上的负重。

适当降低自己的标准，这世界不是非黑即白

在完美主义者的世界观中，只有“对”与“错”、“好”与“坏”，说白了就是做事太极端，没有回旋的余地。而且他们的“正确”也与大众认知相去甚远。在他们眼中，只要这件事与自己的标准不同，就判定为“不好”“不对”“失败”，一旦失败就要求重新开始，或者无限期返工、修改。

高标准、严要求一定是好的，但过分高的标准，不必要的

要求就是徒增烦恼了。其实这个世界哪有这么多非黑即白的事情，大多是一种博弈，一种辩论甚至是无奈的妥协。活得自我一点，正直一点本没有错，但因为自己的固执，对事物的极端判定，而影响了工作效率、同事关系，自己心理压力大也不舒服，就是得不偿失了。

若你发现自己总是难以接受别人的做事方法，不认同他们的工作成果，对待自己的工作总希望再多一点时间，以期望更完美的结果。也许应该反思自己，是不是标准出了问题呢？一味地坚持追求完美，只会浪费时间。因为再多一倍的时间，对于拖延症患者来说，也只是在重复之前的动作，是无意义的给自己心理安慰的行为。

学会“放下”特别重要，放下执念，放下固执，不要总闷在自己的世界。遇到事情，多与身边的好友、同事交流，看看他们对待事情的理解，不要总抓着错误不放。工作时大胆一点，做大事者不拘小节，“缺憾”也是一种美。

对自己自信一些，你已经做得很好了

不自信是很多拖延症产生的根源，担心自己做不好，看到别人做得好，都会增加内心的忐忑，不敢面对自己的工作。

记得我上学时，每到周末都要和邻居家的小姑娘一起学书法。因为她学习的时间比我久，字也写得比我好看。两个人写同样的内容时，我总是不愿意动笔。一会儿倒墨汁，一会儿找毛笔，要不就是喝水、上厕所找各种借口。

现在想想那时候的自己，就是因为没自信，找各种借口拖延，不想面对事实。其实是自己不懂，别人学习时间比我久自然写得比我好，不盲目与别人比较，只要写好自己的不就好了。也是长大后听老师说，那时候对于起步晚的我来说已经写得很好了。可就是因为自己心里的不自信，耽误了那么多时间。

很多时候，我们因为对自己的怀疑而不敢开始某项工作，害怕做不好面对失败。但我们可以换一个角度去思考：对于某件事，我们尝试了，但是失败了，一切归零；我们不去做，一切也是零。既然同样是零，我们为什么不去试一试呢，最差的结果也不过是回到起点，况且我们还从中收获了经验。

很多我们不愿面对的挑战，不是靠拖延就能蒙混过关的，不去做永远不知道自己有多大潜力。不要去在意别人的成绩，不要去怀疑自己的能力，完美一直是一个相对的标准。即使最终的结果达不到所谓完美，你也要相信，这是你能力范围内所能达到的最好结果。

挫败感缠身怎么办？拖得一天是一天！

都说读万卷书，行万里路，总有些人游遍了大山名川，看尽天下风景，可我去过最远的地方是上大学时呆的城市。都说人生要有一次奋不顾身的爱情，总有些人连感情都那么轰轰烈烈，可我至今没谈过恋爱。都说每天叫醒你的不该是闹钟，是梦想，可我的梦想在哪里？

同学门门功课优秀，奖学金年年拿，吃喝玩乐也从不耽误，而我仍徘徊在挂科边缘。

朋友大学毕业，顺利入职，至今已是部门的主管，而我仍是公司的一名普通职员。

就连邻居家的金毛，都比自己养的哈士奇听话……

喂喂喂，朋友们！你是不是被挫败感缠身了！

挫败感这东西，还真让人头大。它总是悄悄潜伏在我们身边，伺机出现在我们生活中一切失望、伤心、难过的场合，但凡是心理承受能力弱点的朋友，总会猝不及防被它袭击。若是哪一次接连碰上不顺利的状况，直接心理防线溃败，挫败感占领全世界。

失恋了被人抛弃，原来自己这么被人讨厌啊。

在单位被领导批评，自己怎么这么笨啊，太愚蠢了。

失恋加上被领导批评……这些朋友，您还好吗？

更可怕的是，挫败感会带来很多副作用。一次恋爱被伤害，从此害怕和别人谈真感情，被家里催着结婚，就以找不到真爱为借口；一次创业失败，再也没有尝试的勇气，成了待业族、啃老族、家里蹲。一次工作失误，再也不敢负责同类的工作内容，只要领导不安排，我就不去做。心里不是不着急，不是不羡慕那些生活积极向上的朋友，但心里就是有一股“暴脾气”，什么都不想做，能拖一天是一天，生活能对付一天是一天。

拖延、视而不见好像成了对付挫败感的唯一途径。各种借口随之而来，反正我也赶不上别人家的孩子，妈你就别催我找工作了；反正再怎么努力，也考不到第一，我还不如看几本小说让自己开心。用“反正”，这种带着赌气与无奈的借口，一次一次欺骗自己的内心。

听一位工程师朋友讲起过，他单位去年招聘了两个大学生，小张和小吴。两人学历相同，专业不同。小吴负责专业领域，从进公司起就跟着师傅画图搞设计。小张则是留在后勤部，给工程师们出图纸、开会前准备资料、偶尔去外面跑腿办业务。

朋友对新人一直很关注，也会经常向我提起。两个孩子都挺伶俐，做什么事情上手也快。单位同事喜欢，领导也满意，基本上过了实习期就能转正。朋友对此很高兴，公司注入了新鲜血液，干活也有了帮手。

几个月不见，再次听到朋友提起他们，就只剩小吴一人留下，小张实习期没到，就主动离职了。这种情况也勾起了我的好奇，听朋友的讲述，两个年轻人都不错，这公司待遇也好，怎么会留不住人呢?

结果是小张自己的心态出了问题。小吴在技术部门，日常工作是画图。因为细心又好学，经常得到师傅的称赞。而小张工作比较基础，看似没有什么难度，属于默默付出型，平时没什么存在感。面对“春风得意”的同龄人，小张压力很大，时常感到挫败，工作也没一开始那么积极。领导发现端倪，找小伙子谈话，本想着鞭策年轻人，小张却听成了责备，更受打击。他在最后离开时表示，自己找不到工作的动力，认为工作没有挑战又千篇一律难以实现自我价值，每天来上班都成了负担。

朋友讲到最后很遗憾，其实同事们从不会因为工作内容区别对待员工，都是做得不错的年轻人，只不过小张的领导不善言辞，没有像小吴的师傅一样把称赞挂在嘴边，竟然就让小张丧失信心，以至于辞职。

听闻这种事，我也很唏嘘。被他人的成绩影响自己的心态，在乎他人的眼光，把他人的评价看得过分重要，以至于丧失工作、学习的动力，这样的心理很不成熟。故事中的小张又提到自我价值的实现，这个问题确实值得现在很多年轻人思考。但小张所谓的得不到赞同，工作没有意义，就无法实现自我价值，是绝对不正确的。

不要把自己的挫败感“甩锅”给“自我价值难以实现”这样的借口，你真的知道什么是“自我价值的实现”吗？明明是对道德品质、生活状态、社会价值的积极地追求，却成了搪塞工作不顺心、学习不努力的借口。

【拖延症诊断】

有些人白天工作、学习，装作忙碌的样子，每到夜晚就会沉浸在悲伤的情绪里。感觉自己就像被全世界抛弃的“灰姑娘”，挫败感如影随形。可是深究他们的“忙碌”，可能只是花好几个小时写一份习题，用一下午时间读三页报告。

类似这样的状态真的是“害人害己”，我们一定不能任其发展，要抓紧找出原因，调整自己，找回积极向上的心态。

心态一：反正自己做不好，就交给别人做吧

因为自己能力不足，就把工作交给别人，看似逻辑合理，其实是在推卸责任。这种逃避的心态，也是拖延的一种。

“我做不到”说多了，在领导眼里就成了“我不愿做”。如今的社会竞争这么激烈，你打个哈欠的工夫，都有人在拼命努力，哪个公司愿意养一个什么都做不了的闲人呢？

你不是做不好，而是不想做好。抛出“我做得不好”这种前提，就像给自己加了一层保障，给别人打了预防针。带着这种保障，你可以不尽全力工作，你可以随意拖延时间，反正当你真的难以完成时，还可以理直气壮地说：“你看我说过了，我做得不好的。”时间久了，“我做不好”从借口发展成了心理暗示，最终结果是你真的再也做不好任何事情。

心态二：他做得比我好，我等等再做

害怕做类似的工作被别人比下去，于是使劲拖延，等到别人都做完了再动手。因为别人的优秀，给自己带来了挫败感，让自己失去了信心。这种鸵鸟心态，是这类拖延症的最大杀手！

此种心态，纯属自己吓自己。且不说你是否会被别人拿来比较，即使真的是存在比较，总会有做得好与做得不好的区别，明明自己不想比别人差，不愿接受事实，却不想努力追赶，而是用逃避解决问题。长此以往，你永远是做得不好的那一个，挫败感会更加“坚定”的缠着你。

心态三：为什么别人都这么牛，只有我自己这么熊

信息化时代，朋友圈、微博成了人人表达自己的平台。它们成就了一批“大牛”：美妆达人、旅游达人、美食达人。好像所有人生活都那么精彩，只有自己，一日三餐，生活毫无波澜。被刺激的小心脏，再没有了去旅游的冲动，化妆也画不好干脆素面朝天，学做饭还是再等等吧，反正做了没人吃。

拖延症又出现了：以人之长比己之短，比不过？放弃！

你只看到了他人的光鲜，却没看到他们背后的努力，甚至是不为人知的心酸。关注优秀的人，是为了找目标努力的，而不是为了找打击的。过分关注别人，只会扰乱自己的心态。

并且往往这样的挫败感不是来源于一个人。读书比不过张三，画画比不过李四，工作上有王五压着，每个方面都有人比我强。是啊，把所有人的不同优点拿来与自己比较，您还真是对自己“严格要求”。而现实中，又有多少人能做到样样精通，方方面面都是翘楚。

【“抗拖”方案】

挫败感谁都有，不需要小题大做

挫败感确实是人生中难以完全摆脱的情绪，即使是最自信的人，也会有沮丧、束手无策的时刻。如果不能制服，就学会如何与它“和平相处”。

首先是正确认识挫败感。挫败感的产生一般源于对自我认同的失败，个人要求得不到满足或是人际沟通上的困难，致使成就感、安全感荡然无存。

既然已经了解挫败感产生的原因，接下来就要学着坦然面对了。心理暗示其实是个很有效的方法，既然挫败感总是通过心理暗示“欺负”咱们，那我们就以其人之道还治其人之身。当挫败感产生，一定在心里告诉自己：“我的消极、低沉是暂时的，我只是心态倾斜被挫败感笼罩。我是优秀的，别人的生活与我无关，过好自己的最重要。”用类似这样的话语，时刻提醒自己，不要沉浸于沮丧的情绪。

接受自己的情绪，更不要因摆脱不了的挫败感而责备自己。那样只会雪上加霜，增加自己心中的无力感。

伟大的马克思老人家早就告诉我们了，事物的发展是波浪式前进，螺旋式上升的。没有长久的光辉，更没有永恒的低谷。一切不如意都是纸老虎，只要点燃心中自信的火把，终究会把挫败感统统干掉。

从打击的另一面思考，我们要越挫越勇

最常造成我们挫败感的，大抵是因为别人做得更好，打击到了自己，所以自己不想做；是因为怎么努力都做不到别人那么好，那还不如不做。总结起来就是“别人做得比我好”。

为什么别人的优秀是阻碍而不能是正向激励呢。哪怕把别人当作“对手”，去追赶，去竞争，也总好过自怨自艾在家当个“抠脚大汉”要好。

去努力了，去拼搏了，失败了，并不可笑。悲哀的反倒是不战而败，自己先给自己泄了气。或者我们先从简单的做起，不和别人的长处去比较，从别的方面战胜他。我一直相信，每个人在这大千世界，总有自己独特的地方。也许是你还没有发现自己的优点，但我仍相信你总会找到自己的闪光点。

越挫越勇不就是这样吗，心中总有一股不愿服输的正气，越是被超越，越是要加倍努力赶超回来。感谢生命中每一个给自己挫折与打击的“敌人”，是他们体现出了自己有多少不足，还有多少路等着自己蹚平。

所以面对打击，缺乏行动力时，不要想有多大困难，先告诉自己：“机会来了！”没错，一个提升自己的机会。差距虽然让人沮丧，但我们不得不承认，没有比较就不知道自己差在哪里。想把打击转化成动力，先从心理上重新对待打击，从积极的角度思考，蔑视一切消极情绪。

做好自己，才是实现自己价值的正确途径

有一个厉害的小孩叫“别人家的孩子”，有一种夸赞叫作：“别人的水平，我三辈子都赶不上。”面对这样厉害的人物，我们只能拍拍手，送上最诚挚的羡慕与祝福。

挫败感有时不是别人加给你的，而是自己瞎想的。看到别人的成绩就退缩，做点什么都害怕赶不上别人，做事东一榔头西一棒槌，结果一定是什么都做不好。

但是，做不到别人家的孩子，我们可以做自己家最努力的孩子呀；做不到用三辈子去追赶的成就，那就做好自己这一辈能达到的最高点呀。“做自己”的意义，不是我行我素，而是不去盲目攀比，在自己能力范围内做到最好。

我们前面说到的实现自我价值也是如此。社会分工不同，职业不同，但社会价值从没有不同。我们不会说一位科学家的价值要高于一位清洁工的价值，因为他们都在用自己的能力给社会做贡献，他们都在用自己的人生，去践行责任与付出的意义。

实现个人价值的途径不同，不代表结果不同，不代表意义不同。我们最忌讳“因噎废食”，真的是自己能力达不到，我们可以降低标准，但不能不去做。所以关键还是讲这个“做”，去做了，才知道自己行不行，才知道自己适合做什么。做好自己的本职工作，不去艳羡他人的成就，自己的精彩生活都没体验完全呢，哪有时间去关注别人的事。

没错，有种误会叫“越拖延越开心”

很多人喜欢拖延，是为了追求一种刺激感。平时没有动力，非要在期限到来前疯狂追赶，美其名曰：有压力就有动力。为了这一时的“速度与激情”，牺牲的可是质量啊。

事实上，把事情积攒到一起，赶在最后一刻完成的人，总会把事情弄得一团糟。在慌乱、紧张的情绪下，大脑的判断力也会出错，做出来的事情可能只是表面看起来完美，完全经不起考验，稍微认真检查，错误一大堆。

还有些人，怀有炫耀的心理去拖延。明明工作可以轻松搞定，却一定要拖一拖，加班加点去完成，以示自己工作拼命。甚至交出优秀的成果时，还要说一句："做得挺着急，质量不好请见谅。"

无论哪种情况，靠拖延寻找心理上的刺激，获得劣质的快感，都不是合适或负责的行为。

老刘以前特别喜欢加班，而且喜欢被领导催着加班。他很享受夜幕降临时空无一人的办公室全部为自己亮灯的感觉。每次加班，他都觉得浑身充满了干劲，仿佛变成一位"成功人士"日理万机。第二天给领导交差时，还会特别自豪地说："昨天加班到半夜，快累死了。"

最近几日，公司分别找了几个资历较老的员工谈话，意向从中提拔部门经理。看着候选人名单，老王很有自信。其他竞争者，不是资历比他轻，就是业务能力没他强，仿佛部门经理已经提前到手。与领导的交流也很顺利，从未来工作计划到部门人员管理，老王侃侃而谈。

最终提拔起来的却不是老王。领导在对老王的评估中写道：该员工虽业务能力较强，但时间观念较弱，工作效率低下。公司不认为其有能力带领部门员工，合理、高效地完成工作。这下老王可傻了眼，明明经常加班是拼命工作的表现，怎么成了这样的结局？

不要把拖延症不当回事，人生很多机会就是这么拖延走的。很多事情不是只重结果而忽略过程的。况且故意拖延的人，在极限情况下做出的事情，也不会有多好的结果。千里之堤溃于蚁穴，一次一次小的拖延，最终毁坏整个人生。

【拖延症诊断】

别把拖延当刻苦

很多人的拖延症之所以顽固、持久，是因为他们没有意识到自己有拖延的习惯，或者说，他们不认为自己的拖延是错误的。

学生时代，自己关着门在屋里写作业，总想偷偷看会儿杂志听个音乐。写十分钟作业，看半小时漫画，眼看到了该睡觉的时间，才“伏案疾书”。妈妈悄悄推开门，看到低头认真学习的孩子，倍感欣慰：“孩子真刻苦，这么晚了还在学习。”就这一句话，让你顿时消除了拖延的罪恶感。甚至自己都快被感动：每天学习到深夜，我真刻苦。

工作后依然有这种心理存在。领导安排的紧急任务，第二天就要提交；你打开电脑，准备查找些资料，却被购物网站的弹窗广告吸引，逛了一下午网页；临近下班突然想起自己的工作，赶忙关闭一切娱乐，认真干活。领导下班从你身后经过，赞赏地说道：“偶尔加班可以，也要劳逸结合，别累坏了身体。”回家的路上，你心情愉悦，工作没有耽误，还得到了领导表扬，今天过得不错。

接受这些“表扬”，甚至把这些夸赞当真，从心虚到坦然接受，逐渐把自己设定成了“刻苦”的人。若大脑经常经历这种状态，便容易养成故意拖延，以寻求心理安慰的奇怪习惯。

当你寻求刺激时，你在追求什么？

大概很多人并不了解，自己通过赶最后期限获得的精神刺激到底是什么。工作不断积压，紧张与焦虑也在累积，直到最终日期临近。你开始为了赶进度而抓狂、愤怒，神经也紧绷到极限。终于，问题解决，压力与焦虑突然释放，就像参加一场短跑比赛，释放过后的“畅快”让你沉醉。

这就是很多人寻求的感觉，一种玄而又玄的追求。也许最开始是源于某次的突发状况，让你不得不临时突击，但你体验到了从未有过的“酣畅淋漓”。日后自己就会不断人为制造状况，乞求压力释放。人为制造状况，不外乎拖延。久而久之，拖延的毛病也就养成了。

不要让自信成为自负

因为对自己能力的自信，有些人总想有机会能展示自己。如何得到领导的注意呢，当然是把工作又快又好地完成了。不如等大家都快做完时再开始，最后在速度与质量上完胜别人。

有这种想法的人，其实不属于完全的拖延症。也许他们确实有能力，能用别人一盏茶的时间完成工作。他们想炫技，普通人只有交口称赞的份儿。但说到底，这些都是你自负的小把戏，终有一天会被看穿。或者像前面案例中的老刘一样，给领导留下不好的印象。

【“抗拖”方案】

不要以“劣质快感”作为精神满足

因为迷恋赶“deadline”之后的刺激感，而产生了拖延症该怎么办？很简单，转移注意力，不要追求这种劣质快感，去寻找你真正喜欢做的事情作为精神的追求。

可能是生活乏味，可能是精神空虚，有时候难免想找点刺激，来点快感。商品有质量，精神层面的追求当然也有。这种先故意加压，再快速释放的办法，只会带来麻烦。

精神上的满足，是对自我的肯定从而产生的愉悦感。我们先拖延，再死命追赶，即使最终结果是好的，我们也不应该肯定这种行为，更不要提愉悦感了。

运动，是给精神减压，带来畅快感最简单、最直接的方式。如果你就是贪玩，不爱运动，去体验极限项目也是不错的选择。蹦极、跳伞、过山车，只要身体承受得了，总有一样能让你释放心中的压力，找回刺激的感觉。

盲目攀比他人，苦的可是自己

也许你工作时偶尔抬头，看到某位同事优雅喝茶的样子。下班后带着未完成的工作回家，又看到几位同事结伴去吃饭的样子。回想自己的状态，总有做不完的工作，天天愁眉苦脸。渐渐地，心里的不平衡在加剧，好像整个公司就自己最忙。所以心有不甘，也想悠闲一点，从容一点。工作稍微放一放，享受生活才最重要。

但你没看见，喝茶的同事每天早晨都早早来到，开始工作的样子。你没看到，几位同事吃饭时也在讨论工作的样子。

盲目的攀比，嫉妒的情绪容易让人在职场中迷失自我，用拖延追随表面上的清闲，只会让积压的工作压垮自己。用拖延出来的时间换取快乐，终究只是稍纵即逝的快乐。

工作时别给自己树“假想敌”，少关注同事的动态，多关心自己的工作。这个世界就是这么不公平，如果自己不够强大，只能利用别人喝咖啡的时间加倍努力。

让生活规律起来，熬夜小心猝死！

大部分喜欢拖延的人，都会牺牲掉睡眠换回白天浪费的时光。平日里拖延、懒散，追赶积压的工作时又紧张焦虑。空闲时一天睡十几个小时，忙的时候一天只睡两三个小时。为什么年轻人往往爱拖延，那是因为他们身体强壮，扛折腾。

不规律的生活，除了影响身体健康，还会影响精神健康。睡眠不规律，喜欢熬夜长期缺少睡眠的人，容易出现精力不济，记忆力下降的情况。因为不规律的生活作息，长时间熬夜造成猝死的新闻已屡见不鲜。为了自己的生命负责，各位喜欢拖延，故意拖延，越拖延越开心的朋友们，请停止糟蹋自己身体的行为吧！

请一定认真想清楚，靠拖延再追赶获得的快乐，是不是真的快乐？每当你缺少动力，想靠拖延找回"紧张状态"的时候，请考虑一下自己的身体，你真的想年纪轻轻就一身病吗？规律的生活也有助于好习惯的养成，给摆脱拖延症一个强有力的支撑。

【自我检测】你确定自己没有拖延症吗？

朋友，你真的确定自己没有患上拖延症吗？

拖延症极其阻碍一个人的发展，很多时候我们并不觉得自己有拖延的毛病，但工作效率总是不明原因地降低了、任务莫名其妙就来不及完成了。一旦出现这种情况，大多数人都会归咎于自己能力不足、工作压力太大，继而累积一些负面情绪，其实这可能就是不明显的拖延在作祟。

只要拖延症没有发展到"晚期"，没有让自己明确感受出来，很多人都是深受其害而不自知，还以为自己毫无拖延的问题呢！那我们如何能提早发现拖延症？怎样看看自己有没有早期潜伏的拖延习惯呢？

从下面几个角度去拷问一下你自己，也许就能发现你是否犯了拖延的毛病。

1. 你是不是总缺乏自信心？

自信感看似和拖延症毫不相关，其实二者有非常密切的联系。一个自信的人，在面对难题或者挫折的时候往往更加积极，他们相信自己能做到，所以不会产生畏难情绪，就更愿意去尝试。但是不自信的人则不同，他们在面对问题时第一个想到的办法就是逃避，逃避那些自己可能做不到的事、逃避自己可能解决不了的难题。所以，不自信的人更容易拖延，尤其是在做比较麻烦的工作时，心理承受能力不够，让他们不敢直面问题。

2. 你是不是总爱空想而不动手？

在职场上，这种行为叫作“缺乏行动力”。在脑海中，我们可能已经勾勒出非常漂亮的职业蓝图，提前对自己的工作进行了完美的规划，甚至立下豪言壮语要如何如何做，但却总是在“执行”这个阶段停步不前。永远在想，永远不在做，这就是拖延症的表现。

3. 你是不是有些懒惰或者畏首畏尾？

这算是两种问题。有些人不是不敢去做，而是懒散所以不愿意去做，具体表现就是不属于自己的分内工作一丝不做，分内的工作也非常抗拒、不够积极，这种情况早晚会发展为拖延症；还有的人则是畏首畏尾，做事时显得非常胆怯，很担心出差错，继而会因为过于担心而拉低自己的效率。

4. 你是不是缺乏活力和“干劲”？

在工作过程中，激情和活力是最珍贵的东西，甚至比能力更加珍贵。有能力没有激情的人，无法完美地发挥自己的能力，他们做的事少、抱怨的事多，只会让自己的效率越来越低；有激情没能力的人，也许一时之间做得不会太好，但他们的激情会促使自己不断进步与学习，投入到工作中的精力也会越来越多。所以，没有活力和“干劲”，你的工作就很容易拖延。

自测过之后，你是否发现了自己的拖延症呢？如果你的表现符合其中某一条，但当前还没有显露出明显的拖延，就得小心了——如果不改变心态，拖延症迟早都会找到你。

第二章

跟拖延症玩拔河：抢回你自己的时间

朋友，每拖延一分钟，生命就浪费了60秒呀！

相信很多有拖延症的人都不喜欢关注时间，只要看一眼时钟，就会给自己的拖延增加一分压迫感。为了让自己拖得安心，他们会选择无视时间，沉浸于自己的主观时间里。好像不去看表，被他们拖延的时间就不是工作、学习的时间一样。但有些拖延症很有意思，他们格外关注客观时间，也就是钟表上精确的时间刻度。做什么事之前都要看看表，甚至因此对时间产生了“强迫”心理。他们喜欢盯着时间不放，并不是因为时间观念强。恰恰相反，一两分钟这样的小时间在他们眼里，可都“不是事儿”。

早晨上班，你打开电脑，发现还有两分钟才到正式工作的时间，心想：“还有两分钟，看个新闻正好。”于是你点开了新闻网站，从国际形势到明星八卦，看得津津有味，全然忘了刚刚“两分钟”的限定，再看表时，20分钟早已过去。可浏览网页的动作已经停不下来，转念一想：“既然已经错过了时间，不如再看10分钟，九点整再开始工作吧。”

就这样一拖再拖，所有他们眼中不起眼的几分钟时间，最终拖成了几个小时。直到大把时间被浪费，才后悔，才跳脚，才着急。甚至对有些人来说，这样从小拖到大拖，成了他们心里的死循环：由一个小小的拖延开始，因为薄弱的意志力，控制不住自己懒散的心思，拖出了更严重的状况，并因此心情糟糕，你极力想掩饰自己内心的不安，于是继续装作从容不迫的样子，也为了转移注意力，又去做一些无关紧要的事，于是又拖延……是不是这样的心理很魔性，然而不幸的是，这是很多拖延症患者的内心写照。

一分钟对有些人来说只是喝口水的功夫，磨蹭磨蹭就过去了。但对于有些人，可能就是60秒的观念，就是背好几个单词的时间，就是读一页书的时间，就是确定一笔订单的时间。

花花今年20岁，一个人在外国留学。留学生的日子其实挺苦的，异国他乡没有家人在身边，做什么都是一个人。尤其是刚去半年，语言没有完全掌握，加上生疏的学习模式，都让花花疲惫。她想念家乡，想念自己的朋友，想念妈妈做的菜。

好容易熬到周末，花花起了个大早，想要复习完功课出门采购些生活用品。吃过早饭坐在书桌前，7：50分，花花想到这个时间国内应该是吃过晚饭休息的时间，就拿起手机，打算和朋友聊10分钟。“我一定不多说，就问问他们的近况，我就去学习。”花花提醒自己。

可女孩子嘛，聊起来就没个够，别说10分钟了，聊一天都停不下来。花花和朋友越聊越兴奋，一会儿美妆一会儿电影，等再想起时间，已经是九点过五分了。她吓了一跳，怎么聊天的时间过得这么快呢！她赶紧和朋友们道别，又怕继续有人聊天耽误时间，赶紧关闭了软件消息提醒。重新翻开课本，进行了没一会儿，“叮咚”一声，推送了一条购物网站的消息。

哎，防不胜防，花花又中招了。她本来只是想把手机设为静音，可看到推送内容是自己最爱的品牌折扣，还是没忍住，手指轻轻一滑，便滑向了拖延的深渊。这一次花花倒是有心克制，“就到九点半，凑个整数我就开始学习。”

但是一个人，有网络有手机有空调的环境怎么可能让花花静下心来学习呢，最终这一上午花花拖拖拉拉，只看了半个章节。

我们从花花的表现就能知道，她是个缺乏自觉性，没有时间观念，对零散时间毫无自觉的姑娘。相信花花的情况，在很多朋友身上都出现过吧，以为拖延一两分钟就能结束的事情，永远不可能及时“刹住”。那我们到底应该如何调节自己的心态、改掉拖延的毛病呢？让我们接着往下看。

【拖延症诊断】

拖一分钟不是事儿，拖一天也不是事儿吗？

不如我们算一笔账：按人均寿命75岁来算，我们除去0—10岁的懵懂期、60岁以后颐养天年的老年期，人生真正可以拼搏的只有这50年。50年是18250天，是438000个小时。看起来很多是吗，我们接着往下算：除去每天8个小时的睡眠，除去一日三餐花费的3个小时，除去如厕、洗澡等其他必要生活时间2小时，我们这50年的时间，只剩下了8365天。而这其中，我们还没有算其他一切社交活动占去的时间，探亲、交友、恋爱、旅游、游乐等，除去这些时间，我们还剩多少时间用来学习，用来工作？若还是没有观念，不如我们换个说法，8365天大约是23年。而我们10到50岁只有不到两个23岁的时间。

而那些喜欢拖延的人，经常不经意间就花掉好几个小时去做无意义的事，经常一整天无所事事。这几分钟没有了还有一天，今天没有了还有明天，实际上我们真的没有多少明天。

拖一分钟就等于拖十分钟

一旦给自己拖延的机会，就像关不上的潘多拉魔盒，会一直拖下去。有时候我们内心抵触即将去做的工作，想留几分钟时间给开心的事，让心里有个缓冲。正是因为抵触与开心的对比，大脑也是趋于快乐的，我们会很容易沉浸于开心的情绪中，所以一分钟就拖成了十分钟甚至更久。

其实你自己最清楚，无论有多少个一分钟作为缓冲，不想做的事情还是不想做。

不易被察觉的拖延——过度追求形式主义

有些人做事总喜欢追求仪式感，好像没有特定的程序就无法工作、学习一样。常有的一种情况就是案例中花花的想法，一定要到某个整点再开始做事。大概是上学养成的习惯，听到整点的铃声就开始学习。

但是这种习惯也有可能造成拖延，若你真的可以控制住自己，娱乐几分钟就开始工作，这样的小习惯也无可厚非。但若是自制力差的人，就会不停地玩乐下去，因为整点实在太多了，你很可能在思想上就放纵了自己，错过这个整点还有下一个。

【“抗拖”方案】

这类拖延症其实比较容易摆脱，它至少有要做的想法，只是缺少一个立刻开始的决心。

改善时间观念，抓住琐碎小时间

不是没有时间观念，不是不知道自己的当务之急是什么，只是没有紧迫感，容易散漫。所以改变自己做事拖沓的习惯，先从加强时间观念开始。

我们可以有意识地关注自己做一件小事的用时，比如看一页书、读一封邮件、在家洗一件衣服，等等。你会发现，这些事并不会占用多少时间，甚至不及你喝杯咖啡的时间久，但就是这些宝贵的小时间，却打理了你工作、生活中许多小事。慢慢的，当你做事前再想花个几分钟消遣一下时，心中就要有意识地提醒自己，这几分钟我能做多少事情呀，工作早晚要做，为什么要额外支出这宝贵的一段时间呢。

不盯着时间看，也是一种时间观念

若是没有强大的自控力，我们最好也不要养成“整点做事”的习惯。总是盯着时间看，做什么都想要凑个整，就是在给自己找拖延的借口。知道自己不可能只玩几分钟就停下，那就不要给自己这几分钟的机会。想做什么事就直接去做，不要管现在是几时几分几秒，治疗强迫症的最好办法就是强迫自己不去强迫。

要把工作与生活完全分开，不要混为一谈。工作时就全情投入，休息时就放下工作，玩得彻底尽兴。总想着拖几分钟再工作，不但玩的时候总挂念着工作，工作的时候也因意犹未尽的玩乐而无法专心。

最笨的办法就是收起一切能让你看到时间的设备，无论是手机、手表、时钟。弱化时间的观念，既然已经打算做一件事，就不需要有一个所谓正式的开始。虽说好的开始是成功的一半，但追求形式主义并不能代表一个好的开端。

拖延症患者的自白：发呆是我的主要工作

小雨缠绵悱恻，阴沉的大地和凉凉的小风，好适合沉思……

阳光明媚，沁透心脾的蓝天配上柔和又缥缈的白云，是思考人生的绝佳时机……

北风萧萧，总有一种狂野的情绪在酝酿，我需要静静地发呆，找回心灵的宁静……

初雪的日子，欧巴和忧郁最配了……

无论阴晴雨雪，我总有发呆的理由，手头的什么工作、什么学习，俗！

总有些“小公举”“小王几”对万物变化那么敏感，情绪容易受外物影响，经常沉浸于自己的世界，发呆是他们的日常。

我们当然不能指摘别人的生活方式有何不妥，可凡事有度，无论积极消极，被情绪拘泥而影响了正常生活，耽误工作可就是拖延症的问题了。

脑内“小剧场”一个接一个，思维活跃，喜欢发散，看到什么都能引发一大圈的联想。经常发呆，情绪容易“跑偏”可是一种做事不专心、精力不集中的表现。

再者感性可不是矫情，感性的人生可能更加丰富多彩，但色彩过多也未必是好事，学过绘画的人都知道，所有颜色叠加到一起，反而趋近于黑色。

Y 先生是个多愁善感的男孩子，虽然他今年已经快 30 岁，但是他的内心依然像个孩子，总有些天马行空的想法。也许是律师的职业特点让他见识到了太多声色犬马，太多人世无常，他总会因为一点小事，就陷入自己的联想。

带他的师傅也很无奈，在律师所，常会看到Y先生呆坐在座位上。有时面前的电脑中是写了一半的诉状，有时桌前摊开的是看了一半的卷宗，甚至在茶水间都能偶遇端着杯子发呆的Y先生。同事们也调侃他，Y先生把所有精力都放在法庭上了，平时太容易“宕机”。

这天，师傅又一次发现了处于“挂机模式”的Y先生，终于忍不住上前教训起弟子：“小Y，你干吗呢，怎么又在工作时间发呆！”

猛然回神的Y先生眼里还带着一丝迷茫：“啊，师傅，我在这里看卷宗呢，看到这个案例与我去年经手的一个案子很像，就……”

“就什么就，工作时间要专心你不知道吗，那么多积压的工作没做完，调查取证结束了吗？起诉状写了吗？你还有工夫在这发呆。律师最重要的是逻辑严谨，语言清晰。你这么容易思维发散，怎么放心让你去法庭上代表委托人辩护呢？”

被批评的Y先生挺郁闷的，他也知道自己爱发呆，爱走神的毛病。可就是管不住自己，有时不自觉地思维就跑了，还特别容易伤春悲秋。师傅因为这个问题，说了他好几次，甚至怀疑他对待工作态度不认真。

有些人可能要说了，我发我的呆，又没碍着你什么事，为什么要如此计较呢。生活中，非工作时间你想发呆随时可以，一个人安静地待着，还省去了别人的应付呢。但将这种习惯带入职场，就会显得很不专业。因为发呆耽误了进度，还会给人散漫消极的印象，影响自己的工作。

【拖延症诊断】

定力不够，容易“跑偏”

可不要认为工作中偶尔发呆走神无关紧要，一旦养成习惯，对我们的思维方式都有影响。没有一个连续、完整的思维状态，工作就容易混乱没有主题，也会出错。虽说断掉的思绪可以接着延伸，也难免会流失稍纵即逝的灵感。

为什么工作、学习的时候，总是做不到专注，喜欢发呆呢。那是因为定力不够，没有真的投入到要做的事情中去，心思浮躁，主观意识上就没有想“钻”进去的心。一点点风吹草动，就会影响你的思绪，就像没有锚的船，稍有风浪就会飘荡。请问各位朋友，你玩游戏的时候会发呆吗？你看大片、追电视剧的时候会发呆吗？

还不是因为你不想做这件事，你抵触做这件事，在心里就不想完全接受现状，虽然手里做着工作，心思早不知飘到了哪里。

不接受事实，靠幻想满足心愿

这类人比较有意思，他们的想象力丰富，思维天马行空。对于眼前的不如意，他们总能通过幻想缓解痛苦。对于不愿接受的事实，我就抛到一边，去想一些让自己开心的事。

比如某些很难推进的工作，他们做一会儿就烦了，干脆扔下眼前工作，去设想一些美好的景象。在自己的脑海里，他们变成了无所不能的小超人，所有工作分分钟搞定，领导嘉奖同事羡慕，奖金一大把。有了奖金我先买个 xxx，再去吃个 xxx，嘿嘿嘿，生活真美好……可是回神一看，工作还是那些工作，困难的地方还是没有解决，好像心情比刚刚还差劲。

他们把发呆当作避风的港湾，好像通过发呆就能回避一切不如意。可事实上，工作还是那些工作，再多幻想也不能帮你解决任何实际的问题。其实这种情况也是上面情况的延伸，抵触有阻力的一切事情，宁愿原地不动，也不想迎难而上。

【“抗拖”方案】

认清事实，接受现实

一切都顺利的生活那是童话世界，什么都顺着你的那是爸爸妈妈。很多时候，我们不是分不清事实真相，而是不愿意分清，宁愿懵懵懂懂，也不想看清残酷的真相。往好的方向想，他们是有童真童趣，而另一方面他们就是不想长大，不够成熟。

所以摆脱爱发呆、爱拖延的坏习惯，最重要的一点就是学会接受事实，接受一切不公平，不顺心。认清事实是残酷的，接受现实是痛苦的，但面对困难席地而坐，靠意念打败现实也是不可能的。

“事实就是如此，既然无力改变，不如打起精神快速解决，免得夜长梦多，时刻折磨自己。”快速看清现实，并坦然接受不代表向生活妥协，反而是一种聪明的处世之道。所谓“识时务者为俊杰”也是如此。

排除外界干扰，帮助注意力集中

如果是做事情的过程中，思维偏离、走神，办事效率低，爱拖延，建议大家从训练自己做事专心开始。先自己找找原因，引起不专心的原因是什么。是因为环境嘈杂还是窗外的天气变化，还是周围的引诱因素太多？摆脱拖延症其实没有多少神秘或是高大上的理论，很多都是生活中一点点小的改变和注意，也有一些是朴实的“笨办法”。

就像这种拖延症，总是受外界干扰怎么办呢？那就一样一样排除干扰因素呀。比如有些人不会刻意收拾自己的办公桌，只要能放下电脑，能写字就好。其实不然，我们做事情讲究一个连贯性，如果你办公过程中因为找文件、找数据而花费大量时间，不但会让心情暴躁，也会降低效率，打乱思绪，造成工作拖延。所以无论是电脑中的文件，还是纸质文件，包括工作中用到的各类物品，都要分门别类，按性质也好，按时间也好，把它们一一放置妥当。并且实际生活中能养成良好、清晰的整理归类习惯，也会让我们在工作时逻辑清晰，表述不混乱。当然最大的好处还是帮助我们办公时集中注意力，专注于工作，不被无关因素影响。

有些还在上学的朋友，可能常常会遇到的问题就是写作业不专心。一会儿吃点水果，一会儿喝点水，一会儿又去看两眼手机。要改变这些习惯，方法简单，执行起来难：学习的屋子里什么多余的东西都别放，只留下作业和文具。什么水杯、水果、手机通通放在外面。但为什么执行起来难呢，因为有些同学缺乏自觉性，不愿意主动把自己放在完全单纯的学习环境中。这就需要家长朋友们配合，给孩子一定的强制力，不是不信任孩子的自觉性，而是希望他们做得更好。一旦养成了学习专心，做事专心的好习惯，对他日后是非常有帮助的。

理智与情感，还是分开好

我们的一切行为，做的所有决定全都由理智与情感共同参与。但需要认真工作及学习的时候，还是把二者分开好。因为太过感性，一点小小的变化都会引发一连串的感慨，这样做事肯定会拖泥带水，造成拖延的。

既然是工作，那就是要少一些个人情感，多一些理智的。职业性的体现，不只是专业技能上的要求，更是理智与情感上的要求。对自我情绪的释放，可以借助特定的环境引起共鸣，在工作场合绝不是好的选择。比如工作时遇上下雨天，可能望着窗外的雨，你就陷入了发呆中。但是这一年要下多少次雨啊。记得时刻提醒自己正在做的是什么，下雨天还多得是。等你空闲、放松时再去赏雨，再去感怀岂不更美。

我都忙死了，哪有空干正事？

在现实生活中，我们常会遇到许多事情，无论大小，无论轻重全都商量好似的赶到你面前。有些事特别紧急，有些事特别重要，有些事特别难办，有些顺手就能解决。我们没有一心二用的超能力，无法同时处理多件事情，对于这么多事，你都是如何安排，怎样排序呢？当它们纷纷而来时，你会不会感到棘手，又有些应接不暇呢。

你可能很无奈，也会很委屈。我都忙死了，一刻都没有停歇，还说我拖延！？

亲爱的朋友们，拼命也是讲究方式方法的，如果分不清轻重缓急，耽误了重要的正事，从结果看也是一种拖延呀。

现在有两个问题需要各位思考：

1. 有两件事情：重要的和紧急的，你会先做哪一件呢？

2. 给你一件事，如何判定他是重要的还是紧急的呢？

对于两个问题的回答，就会直接体现我们的办事能力。能否分清轻重缓急，能否将事情都准时高效地完成，是把事情做好的最有效方法。

丁女士是某家小企业的办公室主任，日常工作琐碎又繁忙。每天仅是工作电话，就要一百多个。只要不是技术方面的事情，其他所有财务、后勤、人事的问题，都要她去解决处理。

经常是一件工作没有做完，就又会有数个电话打进来，又有新的工作需要解决。所以丁女士虽然在办公室，但并不清闲，各个科室部门都需要她去统筹，去安排。有时甚至一天的时间，都不能坐下来喝点水。

早几年，丁女士对待工作太过认真，什么事都会亲自过问，亲手安排。但人的精力有限，再强的能力，一天工作下来，也是身心俱疲，脑中一团糨糊，话都不想多说。最后身体都累坏了，领导却还会因为她的一点疏漏而大发雷霆。

丁女士心灰意冷，想要做出些改变。她做的第一件事就是放权。丁女士真的不爱权，她只是缺乏对同事的信任，什么事都想自己做。所以她与领导协商，提拔了几个副主任。将办公室业务划分，要求各副主任明确分工，各司其职。一开始丁女士还是担心的，总怕没有自己监督，手下会办事不力。然而真的放手才知道，员工完全有能力胜任。

这样的效果是显著的，虽然最终重要的事情还是需要她去做主，但有几个副手帮忙，就会过滤掉许多虽然紧急但是不重要的事情，副主任们完全可以自行决定。

第二件事是对自己的要求，丁女士要求自己在做每一件事情时都给事情归类：哪些事是影响自己未来前途的，哪些事是影响公司业绩的，哪些事是即使被耽误也不会造成实质损失的，哪些事是完全可以交给手下去做的。通过分类，对所有的工作进行排序，在同等能力下，丁女士做事更加周全，也很少再因为疏忽而出现纰漏了。

除却个人能力，做事抓住重点，时刻把重要的事情放在第一位，不被其他因素左右，坚持自我不动摇，充分把握时间，办事效率和工作能力自然又会得到提升。

工作中所谓重要的事，要根据自己的职务、能力、分工来划分。甚至可以功利一些，哪些工作会影响自己的职业生涯，哪些工作就是最重要的。生活中重要的事，就要根据自己的近期目标、长期计划来规划了，哪些事情会影响我的一生我要坚持做下去，哪些事情是我短期必须完成的，哪些事情只会浪费我的时间透支我的精力。

清楚自己想要的是什么，不要被那些无所谓的人或事干扰自己正常的生活轨迹，不要被其他因素带偏你原本的方向。

【拖延症诊断】

做事凭心情，分不清轻重缓急是大忌。习惯感情用事，做事情全看心情，只做想做的，不做需要做的，这是拖延症的典型表情。做事全凭冲动，一个劲地瞎忙，造成重要的事情被耽误，又是另一种拖延。总而言之，事情堆积时，自己先乱作一团，拎不清主次，还耿耿于怀自己的勤奋最终也不会得到应有的回报。

放下负重，轻装前行。很多能力出众的人，难免会对自己产生过度的自信。许多事情都要亲力亲为，别人做事也要监督。这是强者的责任，有些也是没必要的负担。也许是站的角度不同，可能你会怀疑下属的能力，但是没给他们一个机会，如何让他们成长。

总抱着什么事情除了自己别人都办不好的心态，那么随便一件琐碎的小事都会成为你的牵绊，成为你前进路上的重负。一根稻草不会压死骆驼，但总有压倒骆驼的最后一根稻草。聪明的人可不会因小失大，失去自己的大目标，迷失前行方向。

【“抗拖”方案】

忙中出错很常见，做错的事情需要花时间返工，进度也会因此耽误，造成拖延。不过这种因为不合理的做事方法而造成的拖延，很容易克服。因为这类人不缺少做事的动力与执行力，只是缺少优秀经验，稍加努力，注意方式方法就能在工作中提高效率，享受到追求人生目标的满足感。

坚持原则，分清轻重缓急

遇事不慌乱，把握原则，有清醒的自我意识，分清每件事的轻重缓急，以这个原则处理工作、生活，事情自然会得心应手。

先做重要的事，而不是着急的事。虽然日常生活中，突发事件、紧急事件时有发生，但我们不能顾此失彼，忘记自己最重要的工作是什么。有些着急的事情，可以让不忙的同事去做，如果你对看似紧急却不重要的事情紧握不放，只会消耗掉你宝贵的时间，耽误自己的本职工作。

勤劳能创造财富，但高效率可以创造更多财富。只要坚持重要的事优先这个原则，即使遇到计划变更，也能从容应对，高效完成工作、安排生活，在繁杂的生活中坚持本心。

学会给每样工作分类

我们知道了要先做重要的事情，那什么才是重要的事情呢？首先事情本身都是有重点的，做事抓重点是辩证法中的重要观点。而每件事情的重要程度则可以通过以下四个角度衡量：目标、回报、需要以及满足感。根据自己的实际情况，决定侧重点。大胆放弃那些偏离自己目标的、低回报的、没必要的工作。每天的工作时间一定，人的精力有限，不做好工作的分类，只会让自己疲惫不堪，收效甚微。

遇到每件事，都将它分类，再与自己即将做的所有事进行比较，排好顺序，并按照顺序执行。有计划，有执行力，能坚持，这样做事，遇到再多的事情也不会怕。

"拒绝"，很难说出口的话

做大事者不拘小节，不要找错重点，无论是工作中的琐碎事还是生活中为了人情，为了面子的事情都不应该占用我们太多的时间。

有些朋友是"老好人"性格，工作中同事做不完的事情只要推给他就什么都不用担心，生活上只要朋友需要，无论自己在做什么都会无条件支持。自己的生活被一堆无关的事情充斥，可偏偏又说不出拒绝的话。宁愿自己加班也无法拒绝同事，即使牺牲自己的休息时间也要陪朋友煲电话粥，得到别人的感谢，仿佛获得了满足感，找到了存在感。这是无私吗？不，这是愚蠢。

只要一句话："对不起，我没有时间，这件事我不能帮你。"说出来，你就能获得解脱。不要担心得罪人，那本来就不是你的工作，为何要把责任放在自己身上呢。

人的精力有限，只有紧盯自己的目标，减少细枝末节的小事，才能更快实现自己的人生追求。

从前有个时间海绵——高效利用每个“十分钟”

是不是所有学校的走廊里，都会悬挂那么几幅名人名言，是不是所有人在学生时期都在墙上见过鲁迅先生和他的那句“时间就像海绵里的水，挤一挤总会有的。”可大家有没有仔细想过，为什么时间要“挤一挤”才能有，这句话到底要求我们怎么做?

这挤出来的时间，大概就是生活中被我们浪费掉的零散小时间吧。组成时间的基本单位是秒，而很多人却从没想过以秒来计时要求自己的生活。“活那么仔细多累啊，我可要有酒有肉，快意人生。”您要是这么说可就错了，平时生活那么忙碌，安排不好时间，您连喝酒的时间都没有。

早晨出门前，各位漂亮小姐多花了十分钟挑挑衣服，化化妆。看似不经意的时间，有些人却用它来做几项简单的运动，既能锻炼身体，又能让接下来的一天精力十足。

中午快要下班，一看表还有十几分钟，有些活跃的人已经关上电脑和同事商量起午饭的打算，有些人却抓紧读了几封邮件，安排好了下午的工作计划。

时间是一分一秒走过的，每一秒都有它的使命与意义。生命短暂，就这么轻易地浪费掉时间，就是在浪费生命。

大东毕业五年了，一直在上海工作。这个城市生活节奏快，竞争压力大，想要站稳脚跟很需要一番努力。现在的大东做得不错，自己的生活井井有条，他自学日语，考取行业的国家注册资格证，平日里健身、旅游、参加各类周末兴趣小组。工作也比较出色，马上有升职的可能。身边的朋友都很佩服他，这么忙碌的工作中，是如何有时间打理自己的生活呢？他的秘诀就是“抓住每一个十分钟”。

刚毕业的时候大东也像很多男孩子一样，爱打游戏爱上网。因为一个人住在上海，大东每个夜晚的时间都贡献给了游戏。周末也是在睡懒觉、上网中度过。也许感情真的是促使人进步的利器，大东后来爱上了一个姑娘。那个姑娘特别优秀，大东为了有朝一日能站到姑娘身边，便开始了对自己的改造计划。

大东报名了日语网络课程，每个工作日的夜晚拿出半小时学习日语。这半小时若是在游戏、视频、无所事事中度过，也就是眨眼的工夫。用来学习日语，却让大东在一年后基本能与日本人日常对话。因为没有大把的时间背单词，每天上下班的地铁就是他背诵的时间，背完单词晚上接着听课，效果特别好。

参加周末兴趣小组是大东整治自己睡懒觉毛病的办法，每个周六早晨 8 点，大东都会起床去参加同城电影兴趣小组，大家交流、观影既是休闲放松，也不再让周六上午的时间在睡觉中度过。健身与资格证书考试也是安排在周末穿插进行的。看书累了困了，就起身活动，举几组哑铃，提神醒脑还健康。

故事的最后，我们不知道大东有没有抱得美人归，但至少大东自己的生活变得积极、向上。摆脱颓废、拖延，他对自己丰富精彩的生活，良好的生活状态很满意，现在的他也养成了利用各种琐碎时间的习惯，很多小事几分钟就能处理好，自己的工作也更加井井有条了。

【拖延症诊断】

没有时间观念，就是在荒废生命

朱自清曾经说过："洗手的时候，日子从水盆里过去，吃饭的时候，日子从饭碗里过去。我察觉它去的匆匆了，伸手遮挽时，它又从遮挽着的手边过去。天黑时，我躺在床上，他便伶伶俐俐地从我身上跨过，从我脚边飞去了。"

时间的流逝总是悄无声息，让人难以察觉。能抓住时间的人，才是生活的赢家。拖延现象说到底就是浪费时间，如果我们不能高效利用那些不经意的点滴时间，生活就会陷入忙乱、碌碌无为的状态。时间沙漏真的只有最下端的出口吗，生命中一点一滴的时间如果不利用，就像在生命的计时沙漏上凿出了更多小孔，时间在加速流逝，生命在无意义地前行。

没有大段时间就无法做事

很多人总抱怨自己工作忙、累，没有时间。好像离开学校走向社会就无法继续学习，好像工作以后就要放弃全部兴趣。那是因为他们不会发现时间，不会"挤"时间。

总想着等有时间再去健身，等有时间就去学画画。如果总是"等时间"，时间永远不会来。平常生活中，我们很难知道自己什么时候有闲暇的时间。被无数琐事充斥的一天也很难整合出完整的、大段的空白时间。

因为在短时间内调动大脑是很累的行为，很多有拖延症的朋友们就会选择放空大脑，浪费掉这些时间。手机好像是身边随手可得的物品，它便捷、简单。于是在所有不知道做什么的散碎时间中，拿起手机成了下意识的选择。有时甚至拿起手机都不知道要做些什么，无聊的刷新闻、翻消息，几分钟很快过去，大脑一片空白，什么都没有记住。

最后十分钟不是时间

如果说："还有最后十分钟了。"你接下来会说什么呢？有的人说："加把劲，把工作做完。"而有的人就会说："收拾收拾，准备结束工作。"很多人看到事情马上结束，提前松了一口气，不再有心情坚持到底。虽然最后十分钟可能无法把全部工作完成，却也不应该什么都不做。

如果每一件事都放弃最后几分钟，这一天结束，该有多少时间被浪费。前面的时间已经花费，为何要在结束时留一个不完美的句号，而不能善始善终呢。看过篮球比赛的人都知道，最后几分钟比分颠覆常有发生，如果队员也都抱着最后几分钟，随便比一比结束比赛的心态，还怎么体现竞技体育的精神，更何况大部分比赛都是以秒计时，不到最后一秒运动员绝不会放弃。

生活虽不是竞技比赛，但我们仍在与时间赛跑，与生命竞技。几秒钟的时间我们从没在意，却不能不在乎那分分秒秒时间。

【"抗拖"方案】

兴趣是执行的最大动力

"热爱"是人发自心底的情绪，没有什么事情可以阻挡热爱的力量。王羲之自小热爱书法，只要有时间就会钻研练习，据说走路时都会用手指在衣服上写写画画，终成一代书法大家。

找到自己真正热爱的，是一件幸运的事情。看到别人跑步，就跟风买了装备想要每天跑步，却没有真正地执行，还找借口说没有时间，殊不知跑步并不适合自己。真正热爱跑步的人，哪怕每天只有十分钟，也会坚持锻炼。运动的方式那么多，找到自己真正喜欢的，让兴趣成为动力。

更不要以不知道自己的兴趣是什么为理由放任。不喜欢音乐，不喜欢运动，不喜欢看书，不喜欢学习。就喜欢打游戏、吃饭、睡觉、发呆。如果真的是这样，没有任何办法能拯救你的拖延症，因为从内心深处你就放弃了自己。

寻找兴趣也是一个有意思的过程。多去尝试，怀着一颗好奇的心，找到自己喜爱的事物，把它安排在日常生活中的每段小时间中，一点点积累，你会发现总有一天，自己已完全掌握它。

善于发现生活中的每个“十分钟”

我们一直强调要善于利用生活中的琐碎时间，但可能从前的你并没有发现自己生活中哪里还有时间可以利用，好像每天都在“连轴转”。那么从现在开始，细心留意自己每天的生活习惯，有必要时还可以记录时间节点。

比如计算上下班路上花费的时间，走路多久、坐车多久，我们可以选取坐车的这段时间，安排自己的事情。想学外语的朋友，可以背单词，练习英语听力；想塑形的妹子们在车上不要坐着了，可以学几个简单的动作，垫脚、抬腿，紧绷肌肉锻炼自己的腿部；工作繁忙的上班族，完全可以利用手机软件的便利，写写报告，收发邮件。

在公司也是有机会的，大部分上班族中午都会留在单位。午饭后，肚子饱饱的又不能立即睡觉，很多人就会选择坐在位子上玩手机了。但是这午休前的十几分钟，我们也可以利用起来呀。可能你最近对摄影感兴趣，你可以利用这段时间看看与摄影有关的知识；或者下楼走走，饭后立刻坐下可是很容易长胖的哟。

这样的小时间一天中真的很多，往往都被我们不经意地浪费掉了，如果利用起来，相信生活一定会有不错的改变。

【危害分析】被拖延症影响的人生

正如有人曾经说过：“拖延不会让你得到提升或改变任何情况的结果。”拖着，不能解决任何问题，反而会影响我们的人生。

拖延是没有价值的，但我们每次都在重复它。有时我们因拖延而痛苦，例如，有些人想告诉他们的母亲、父亲或身边的人，他们多么爱他们、感激他们，但是他们等待很久却不肯表达，直到那个人在有机会听到之前就去世了。这样的结果谁都不想看到，不过是一次小小的拖延而已，就留下了终身的遗憾。

拖延一直是我们忽略的一个问题，你不会想到，在某些情况下它会让人们付出生命。美国革命的一个事件就说明了拖延造成的悲剧，当时，在新泽西州特伦顿的英军指挥官瑞尔上校，正在打牌时收到了一名信使送来的紧急信息。信使称，乔治·华盛顿将军正在穿越特拉华河。瑞尔并没有当场阅读这封信，而是把信放在自己的口袋里，直到游戏结束才开始阅读。然后，他马上意识到形势的严重性，匆忙地召集他的人去迎接即将到来的袭击——很显然，他的拖延导致他最终错失时机，瑞尔自己被杀了，而其余的人则被俘虏。

地球上到处都是未完成的计划和未执行的决议，“明天”是不称职的人懒惰和逃避的借口。

因此，我们可以看到拖延症是非常危险的，它会让人们失去生命。想一下，我们当中有多少人会希望，消防员在我们的住所着火时拖延时间？有多少人会希望救护车司机在我们爱的人心脏病发作的时候，拖延着去我们家呢？有多少人会希望当有人试图闯入我们家，警察却拖延着迟迟不来？当然，我们所有人都会说："不，我不想让他们拖延。"然而，消防员、救护车司机和警察不也是普通人吗？当你拖延自己的工作时，就像他们在拖延拯救你的时机一样。拖延是我们的敌人，如果我们想要完成一些事情，我们必须学会避免拖延。

即便你的拖延不会对生命造成威胁、不会有什么严重后果，也千万不要放任它。有些时候，其他方面的危害也会逐渐影响我们生活。

危害一：拖延会让你开始怀疑自身能力

就像我们说的，一些人不过是因为拖延而无法顺利完成工作，但他们并不会意识到这一点，反而觉得是自己的能力不足，这就是对自身能力的怀疑。当我们开始怀疑自己的时候，自信心就会被侵蚀，无法正确认识到自己的优点将让你我变得非常颓靡、消极，甚至最后会怀疑自己的选择、自己的人生。

危害二：拖延让我们毫无精神

很多时候，我们常常会产生精神不足的疲倦感，似乎做什么事都没力气、没精力。别担心，这还真不是你的身体出了问题，毫无精神很多时候就是因为我们不愿意主动做事，而这就是一种拖延。因为拖延，所以做什么都无法专注、没有精气神。

危害三：拖延让我们过于放任自流，变得缺乏约束

当我们被期限、任务所约束时，心中的责任意识会让自己不去拖延、尽快地完成任务。当我们习惯了拖延、习惯了无法按期完成任务，底线和责任感就会逐渐放松，最终变得放任自

流，不再约束自己。缺乏约束的人生是可怕的，你也不知道它将走向何方。

危害四：拖延让我们习惯了什么都做不成

没有拖延症困扰的时候，做得到是常态，做不到才会让我们焦虑；当习惯了拖延，“做不到”的情况就越来越多，我们常常无法完成任务、做不好自己的事。一旦习以为常，这种情况就会影响我们的上进心，让我们习惯于毫无所成，再也没有进步的动力。

第三章

责任感是什么？不好意思，我不懂

crastination procrastination procrastination procrastinati

拖延症一来，责任感就逃跑了

责任感是当今社会人人都需要的重要品质，我们也常常把责任感作为道德标准，衡量一个人的品行。责任感可是经常被大家挂在嘴边的“红词儿”。

妹子们挑男朋友，会考虑男生有没有责任感：“他都不知道主动送你回家，也不愿意为你做出任何牺牲，责任感太差可不能要。”

上司考察下属，会考虑员工有没有责任感：“自己的分内工作都做不好，更不要指望他为公司多做多少贡献了，这种职员没前途。”

在社会生活中，我们同样要求一个人有社会责任感：爱国心、公德心、奉献和牺牲的精神等。

对有些人来说，责任感这东西只是道德对他们的约束。就好像灾难来临，有些人只顾自己逃命，完全不顾周围人的安危；又像老话说的那样：“夫妻本是同林鸟，大难临头各自飞。”一旦受到某些外界因素影响，自私的想法战胜了一切，责任感就消失得无影无踪。

这种情况在工作中很常见，有些人工作时只扫门前雪，只要不是自己职责内的工作，多一点都不想完成；更多的人连自己的工作都做不到位，因为各种原因拖延时间、错误层出不穷，耽误整体工作进度，却像没事儿人一样在单位混日子。

阿强毕业两年了，因为找不到合适的工作，他一直待业在家，靠爸妈养活。阿强的爸妈很着急，把儿子惯成这样，等他们老到不能养活儿子的时候儿子怎么独立生活。

明明阿强有大把的时间待在家中，却是一点活都不肯干，就不要说做饭、打扫卫生，连自己的衣服都要等着老妈洗。每天睡到快中午才起床，吃个早午饭便打开电脑，朋友们都在工作上学，没有人陪他打游戏。下午阿强会先看会儿动漫，刷网页，再去购物网站逛逛，经常买一堆的动漫周边、人偶手办回来。晚上才是他打游戏的时间，一般都是到深夜一两点才躺下，有时候游戏打输了还要和人家对骂一通再睡觉。

好不容易到了今年，毕业第三年，爸爸帮阿强找了一份简单的工作，至少让他有事情可做，不要天天闲在家里。在家待业太久，阿强也挺无聊，答应下来就去上班了。他的工作很简单，就是在某购物网站的一处仓库配货。一开始阿强觉得很新鲜，看着五花八门的订单，在硕大的仓库找到各种产品，特别像迷宫寻宝。

渐渐地新鲜感消失，他开始感到无聊。仓库好像没有刚入职时感觉到的那么大了，商品摆在什么位置都能记住了，操作流程也单一无趣。阿强想起在家自由自在打游戏的日子，没有人监督，没有人约束，没有任务量，不用上心核对发货单，更不用天天早出晚归。

于是阿强在手机上下载了游戏，白天借着配货的借口躲到角落的货架子旁玩游戏。经理提醒阿强几次，他都以找不到商品为借口拖延。因为心里的抵触，对待工作也不再上心，阿强开始出现配货慢，配货错误的情况，扣工资、被经理责骂，对他都没有效果，为了睡懒觉、为了打游戏阿强根本不想再工作下去。果然没过多久，阿强就被公司辞退了。

懒惰真的是人类生活的第一大杀手，因为自己的懒惰、自私就全然不顾工作，只要自己舒服，什么顾客，什么公司，什么责任感，什么职业精神通通为拖延症让道。

在什么位置，做什么事。只要作为这个社会的一员，你无时无刻都要承担自己的责任。无论是对生活、工作、家庭还是对自己，我们再也不是小孩子了，不能因为不喜欢吃菜就把盘子扔到一边不管不顾。不能因为不想做这份工作，就假装看不到拖延下去。

【拖延症诊断】

缺乏责任感，不只给自己带来麻烦

因为自己的懒惰、任性不想认真工作，对待所有的任务都是敷衍、拖延的态度，其实是十分自私的行为。被拖延症占据的身体，已经完全忘记“责任感”怎么写。只顾自己舒心，只顾自己快乐，不顾集体不顾大局，好像做不完工作完全不会影响大家似的。甚至有些人大有一副“死猪不怕开水烫”的勇气，两手一摊大言不惭地说：“我自己做不完这些工作，谁有能力谁来吧。”

不只是公司的运转，整个社会也是一台巨大的机器，每个人都是其中的小零件，只有大家各司其职，按部就班地完成自己的工作，这个机器才能流畅运行。不要以为自己耽误了一点点工作不算什么，大不了自己被罚，可缺乏责任感的你有没有想过，也许正是因为你的任性，会导致整个工作流程的混乱。

蝴蝶效应就是如此，一只南美洲热带雨林的蝴蝶扇动了几下翅膀，几周后美国德州迎来了一场暴雨。你今天小小的拖延，可能导致工作时间推后、工作结果有问题需要返工，因而下一环节无法如期进行，环环相扣的工作不得不调整时间，打乱进度重新来过。

不想负责？那你等着失业吧！

我们常常会遇到这样的人，当他们与别人谈论自己的公司时，会使用“他们部门”“他们领导”这样的代名词，而不是“我们”，好像他嘴里谈论的根本不是自己的公司。并且这样的谈话主题，经常是他们对自己公司的各种抱怨、不满。公司存在的各种问题他们都能发现，并发表一番自己的真知灼见，却从没听过他们对自己的工作有什么评价。

他们对自己的工作没有任何责任感，公司在他们的心里也毫无认同感。最开心的只有三件事：午休、下班、发工资。仿佛每天坐在那里，就是为了等着这三件事情发生。通常他们会有一点自己的“小手段”：工作不认真没关系，只要表现出自己的勤奋，故意加加班，只要面子上过得去，工作到不到位也不是问题。

只想领钱，不想负责的工作态度，就是在耍流氓。不要以为自己的“聪明才智”可以瞒天过海，总有一天老板会让你从此在家舒舒服服睡大觉，再也不用负责任。

【“抗拖”方案】

想偷懒，想推脱，不想工作的时候，责任感总是不翼而飞。有些患了拖延症的朋友也很着急，自己工作时总是积极性不高，没有动力，要是有一股使命感就好了，说不定就能让我化身超人，拯救自己的工作。

培养责任感，先从集体认同开始

很多人不喜欢自己的工作，是因为对自己的公司有太多的不满与抱怨。与某个同事关系不好、领导爱找麻烦、甚至食堂的饭菜不可口都是他们不想工作的原因。拜托啊各位，您是去上班的，不是去交朋友、度假的好吗？

与某个同事关系不好，可以尝试修复，如果依然不能缓和，就不要去在乎。全公司上上下下多少员工啊，自己做好自己的工作，为什么天天盯着别人不放。领导爱找麻烦，那更应该好好工作了，自己把工作完成得无可挑剔，领导为什么要故意找麻烦？领导也是有任务的好不好，属下员工完不成工作，他们也是有责任的呀。说到底，不爱工作的理由也都是借口，还是自己心里有惰性，不愿意上进。

如果想要培养对工作的责任感，一定要放下成见，真心了解你的企业，用心感受这个集体，寻找自己在公司的归属感与认同感，至少让自己不反感工作。心情不郁闷，自然也就愿意工作了，也就从“我要做”变成了“我想做”。

责任感的获得，要自己鞭策自己

想要拖延的时候，也许你早已忘记了责任感、职业精神这些条条框框大道理，脑袋里只剩下一个念头，我不想工作！没关系，不想工作的时候，想一想自己，这么没有自制力，这么“废柴”的人生，是不是有点太丢人了。或者抬起头看看低头忙碌的同事，听一听办公室每个角落传来的噼噼啪啪敲击键盘的声音，有没有感觉好一点？大家都在努力工作，都在承担着责任与压力，不是只有你一个人感到疲惫。

在心里给自己一点压力，一些鞭策，唤回遗落在记忆深处的责任感。

听说拖一拖也无所谓？你的麻烦大了！

初入职场的新人们，对任何工作都抱有十二分的热情，做事情有一股蓬勃的朝气。他们新鲜、有活力，对比那些上班久了行动迟缓的同事，简直是“小鲜肉”和“老腊肉”的差别。看到兴致勃勃努力工作的年轻人，总会有些职场老人默默从身边“飘过”留下一句劝告深藏功与名：“现在不过是三分钟的热度，等到你们混久了，也会和我们一样激情不再的。”

而最不幸的是，这些小鲜肉总有变成老腊肉的那一天，激情也真的会随着岁月消失殆尽。“岁月是把杀猪刀”没有错，有多少年轻的人们倒在了岁月的刀下，从激情到精明，从精明中学会了拖延，又从拖延走向颓废，最终碌碌无为。

老张是一家广告公司的业务主管，老张其实不老，不过四十出头的年纪。就在几年前自己还是“小张”，自从升了主管手底下多了一帮年轻人，他也就从小张变成了老张。

这个年纪的人啊，工作了十几年，对自己的工作了如指掌，对职场各种明规则、潜规则也是心知肚明，个个都很精明。什么地方要求严格不得马虎，什么工作可以适当放宽要求他们都清楚得很，利用自己的经验，难免不钻个空子偷偷闲。

看着手下活跃的年轻人，老张感慨颇多：“自己当年投身广告业，也是意气风发的小伙子一枚，现在却再也找不回当年的激情了。”做事不求有功，只求无过，只要不是十分紧急的任务，他都是慢慢悠悠能拖就拖。

一次同学聚会，老张和大学同学聊起这个话题，回忆那时候的青葱岁月：“快毕业那会儿，咱们多积极啊，为了找到好工作一天跑好几个招聘会。宿舍里谁找到份好工作都是要请客吃饭的。为了毕业设计方案，咱们小组常常是讨论到深夜，什么新奇的点子想法都不想错过。”

“是啊，那时候浑身都充满了劲儿。上完一天班还会约你们去打球。说起来咱们有多久没组队打球了。”

“别说打球了，我现在下班只想回家睡觉。加班都少了，工作都让下面小孩去做，有什么问题电话指导。”

“刚毕业那会儿，工作有理想、自己动力也足。总以为能改变世界，干一番大事业。到这个岁数才发现，世界早就改变我们喽。”

老张最后说：“最可怕的是，我心中早已没了紧迫感和好胜心。设计方案着急的抓紧做做，不着急的更是拖一拖也无所谓，反正干得多了也知道怎么蒙混过关。”

老张常想，年龄到底带给自己的是什么。刚入职时那股朝气去哪了？那时候为了自己的方案被通过，老张能不眠不休好几天，连周末都在修改方案，做什么事都麻利。工作顺风顺水，自己自然是意气风发。但随着年龄的增长，无论是工作还是生活都失去了激情，仅凭着多年的职场经验和一点点责任心，做事拖拖拉拉，思考问题懒懒散散，精力大不如从前。

没有人永远年轻，却永远有人年轻着，面对这样的自己，看着一年又一年的新人，很多人像老张一样心中又是羡慕又是难过。岁月已逝，抓不住心中的朝气，挡不住工作中的拖延，那些当年被自己鄙视过的毛病也渐渐在自己身上出现，我们到底被岁月改变了什么？

【拖延症诊断】

“上了年纪”的人，拖延症总是不请自来，像工作中的职业病一样，如影随形。好像消极、懈怠是职场老人无可避免的结局，没有人可以幸免。其实我们都错了，这些只是我们随波逐流的借口，因为疏于自我管理而拖延，变得像周围人一样，我们就抱怨是环境改变了自己，却从没想过是自己没有挣脱束缚的能力，主动沉沦了进去。

我知道这种事可以拖，所以没关系我等一等再做。所谓的“职场经验”被拖延症患者当作了避险宝典。什么工作可以拖，他们记得比谁都清楚。无视职场规则，漠视工作纪律，规范与要求在他们眼里不是用来约束自己而是用来钻空子的。

某项工作拖延，却没有带来对自己不利的后果，于是他们在庆幸的同时也暗自窃喜：“太好了，下一次再做这种事我就不用着急了。”日积月累终于练成一部“拖延大法”，行走在规则与纪律的边缘。

正是这种从根本上就错误的价值观，造成了某些职场“老油条”的拖延，而这些老人们并不以此为耻，还要把他们的宝典传授给后面的人一起“享福”呢。

他们做事拖延了都没事，我就更不用着急了。都说学好容易学坏难，很多职场新人们不学习怎么认真做事，反倒跟着那些“老油条”学习怎么钻空子。明明自己年轻有资本，不怕失败，却总是心术不正想要投机取巧为自己省时省力。如果从一开始就没有一个向上的态度，选错了方向，那你的未来只能走在下坡路上无法回头。

树立一个好的榜样很重要，初入职场的新人想要学习前辈经验没有问题，关键是自己要把持住，不要沾染上职场中的那些坏毛病。

再这么拖延下去，麻烦总会找到你。一次的拖延可能并不会带来恶果，两次的偷懒也没有被责备，慢慢的身处职场的你胆子越来越大，找到机会就钻空子偷懒。虽然现在还没有出现问题，但不代表以后不会出问题。人的欲望总是贪婪的，一旦尝到了“拖延”的妙处，我们会再也不顾规则的约束，一次一次走向颓废的深渊。

紧迫感消失来自习惯性拖延的坏习惯，总以为拖延一次无所谓，不对自己加以约束，真的染上拖延的坏毛病，想要再紧张起来就会特别困难。工作中一旦出现问题，也将会是无法挽回的后果。

【“抗拖”方案】

1. 摆正自己的心态很重要，不要总去和差的人攀比

职场陋习随处可见，人生是随波逐流还是逆流而上却是自己的选择。把持住自己，做到众人皆醒我独醉不容易，但是至少远离职场拖延症，保持初入职场的初心还是很有必要的。

我们无法叫醒一个装睡的人，那我们就严格要求自己，不要和坏现象攀比，千万杜绝“他们能拖，我也要拖”的心理。有那么多做得优秀的同事，为什么要和偷懒的人比清闲。时刻记住自己的责任，你是来上班的，不是来享清闲的。你是来拼

搏的，不是来攀比的。保持心态平衡，别给拖延症以可乘之机。

2. 用纪律和规则约束自己很有必要

对有些人而言，规则和纪律是用来打破的而不是用来遵守的。在他们心中，只要自己做事方便，只要自己开心就无所谓规矩。

没有规矩不成方圆。有些人总以为规矩是用来管教自己的，却从不去思考它的真正作用。要知道，所有公司立下的规章制度，都是为了大家能更规范地做事，更有效地配合。如果人人都自有一套法则，工作上谁都不服谁，那这企业还如何运转。

最愚蠢的心态，就是自以为掌握了规矩便随意打破。因为知道拖延不会被责罚，就可以懒散，就可以不作为，难道我们做事情只是为了做给老板看？

处于浑浑噩噩中的你，对一切新生事物都失去了兴趣，总认为“有什么事情都不用着急，到最后总有解决的办法”，想要摆脱颓废状态，首先就是找回自控力。自律是自控力的表现，把漠视的规矩都放回心中。以这些准则要求自己，规范自己的行为，找回初入职场时与同辈竞争、被领导督促的紧张感。有了紧迫感，就能在一定程度上摆脱拖延症，从而找到工作状态。

当你开始找借口，就犯了拖延症

在平凡的生活中，我们可能遇到过太多种“不平凡”的借口。

学生时代上学迟到，为了不被惩罚就告诉老师“奶奶去世了”，被闻讯得知的奶奶狠揍一顿；在网上更新自己的小说，为了得到几天假期就捏造数次“怀孕”“流产”的故事，遭到读者质疑；以“参加婚礼”为由跟老板请假，由此捏造出一个庞大的家族……

看到这些，不知您是否也觉得眼熟呢？借口实在是个好东西，既能带来短暂的假期和其他好处，又能锻炼想象力和脸皮厚度，妙哉妙哉。

然而对于拖延症群体来说，“找借口”却是病状先兆，一旦你开始找借口了，就绝对离“拖延症”不远了。虽然大多数的借口只能让我们拖上短短几日甚至几个小时，但就是那种卑劣的“拖延快感”也会在内心怂恿我们自己——能拖就拖，有理拖延不算罪过！

大学时代，我曾经有个学会计的朋友，姑且称之为S姑娘。在这个会计系人数爆炸、分数爆炸的学校里，每个学会计的同学都堪称学霸，为了几个学分奋斗到深夜的不少见，大家心中都有非常强烈的紧迫感。

S姑娘也是如此。每次聚会的时候，她总要跟我们说自己的课有多么紧张，平时有多么忙，然后再将自己的计划与我们分享——要旅行、学雅思、考双学位、去国外参加小学期课程……

真好，每当听到她满满当当的计划，我们就觉得棒极了，特别羡慕她，甚至将她奉为小群体当中最勤快、有理想的人。可第一个学年结束的时候，她却出乎意料地告诉我们——她挂科了。

“怎么回事？”

听到我们的询问，S姑娘很简单地说了一句：“唉，学团工作太忙了，我根本没时间复习，结果就挂掉了。"

多倒霉！我们一边安慰她，一边又想着，她这么勤奋努力，肯定以后还能补上，不影响她的出国大业。

第二年，在其他姑娘陆续考出雅思成绩的时候，我又关心起了S姑娘："你的雅思准备得怎么样了？"

"最近课太紧张，我准备先做导师的项目，反正雅思准备三四个月就能通过了。"她说。

我心里有点替她紧张，但也没说什么。

第三年、第四年……她依旧找着各种借口，拖延自己曾经有的计划。雅思没来得及考，双学位也因为她"忙着毕业论文"而差点没拿到，加上挂过科，不能出国的S姑娘只好选择了考研。

这一次，看到她临考前不久还忙着在朋友圈晒吃的玩的，我就咽下了关心的询问，可不敢再提"考研"二字了。

"实在太忙了，过几天再做吧""周末有个好看的电影，错过了可就没机会了""旅行什么时候都可以，这几天就在家里歇歇"……我们常常寻找这样那样的借口，然后就像S姑娘一样，将脑海中辉煌的计划一次次打乱，最终什么都做不到。

做成功人士的计划，却无法真正活成一个成功者，正是因为我们的执行和计划之间差着十万八千里。而导致这一切的罪魁祸首，当然是拖延症。

【拖延症诊断】

找借口是拖延的重要表现之一。我们在做一件事时，想的不是"怎么做"和"做什么"，而是"真的要现在做吗"，就意味着我们开始想给自己找借口了。就像S小姐一样，因为“忙”而拖延了准备考试的计划，其实不过是一种借口而已，如果真的想去做，她就会发现自己并没有那么忙，而不想做的时候，我们就会给拖延找一万个理由，以期待能说服自己。

跟拖延症形影不离的借口，总是少不了以下这些，我们需得抱以十二万分的警惕：

1. 最近太忙，可以推迟几天再着手

“忙”大概是一个最常见也是最让人无法反驳的借口了，不仅能让我们推迟即将要做的计划，还能给自己平添一股底气——我不是故意要推迟的，实在是平时太勤奋，关键时刻无法抽身啊！

瞧这个借口，看着就让人觉得理直气壮，自然也能助长我们的拖延气焰。若是产生这样的想法，恐怕就会面临“明日推明日，直到期限前”的窘境。

事实上，太多人都处于一种“瞎忙”的状态，也许工作并不那么多，但每天给自己灌输“忙碌”的观念，让自己处于自我满足之中，并自然地将应该做的事不断推迟。非要等到期限快到的时候，再匆匆赶上几日，最后连检查一次的机会都没有就交上。这样的人总是只能完成一个不好不坏的成果，但是他们却觉得，自己在期限前疯狂熬夜赶工，简直太敬业、太勤劳了，真够累的！

老板，看到他们那厚重的黑眼圈了吗？这可是他们在宣告自己工作努力呢！

2. 慢工出细活，慢慢来绝对没问题

有些人的效率本来并不低，但往往习惯拖延，总是三心二意、边玩边做，或者一件事完成到一半，就被其他事分走注意力。这就导致别人几天内就能做完的事，他们总是要从第一天就开始做，一直拖到最后一天才能完成。

跟这类效率低下的人比起来，那些习惯最后几天疯狂加班的拖延症者似乎更幸运一点，毕竟他们在最初可是真正轻松过的。

而这类拖延症也是最不容易被发现的，因为就连他们自己也认为，并非自己不勤劳、不能按时完成计划，实在是效率低、工作慢。不过，只要用“慢工出细活”这话来解释，大多数人都能接受。

然而越不容易被发现情况就越严重，认识不到自己下意识的拖延，往往让他们的拖延症影响更大。

3. 不是我不愿意做，是我的能力达不到

这类拖延症者往往很有趣，在最开始接手工作的时候，他们明确意识到自己能做到这件事——而事实也的确如此，并不是他们高估了自己的能力。但期限来临时，他们往往因为自己不够勤快努力，发现最终无法完成。

在这种情况下，他们就开始为自己找借口了，例如“真不是我没好好做，实在是我能力不足，没想到这么难”这样的借口，常常出现在他们面对上司时的辩解当中。然而这类借口影响最深远，我们在说出这样的话时，其实就在向自己和他人传达一种信息——我的能力不行，而这种信息不仅会让我们对自己的要求和期待越来越低，也会导致上司和同事无法再信任和期待我们的工作。

“做不到”三个字，严重程度跟“不愿意做”不相上下。前者验证了自己的能力，后者表达了我们的态度，而这两样东西在职场上都非常重要。如果我们因为拖延而承认自己做不到，无疑是在亲自给自己搬拦路石。

【“抗拖”方案】

如此，我们应当如何击退自己的借口，让我们在工作面前不要总冒出拖延的念头呢?

俗话说“万事开头难”，尤其是在面临自己棘手的工作时，下决心开始做是我们必须要克服的最大难关。很多人的拖延不是在做到一半开始的，而是压根就没想着手去做！尤其是在面临棘手的任务时，我们最喜欢给自己找借口并推辞拖延。

所以，哪怕你的工作非常艰难，拿到手中后的第一个想法也应该是——做！千万不要产生别的想法，更不要告诉自己有多难，just do it，你就成功地把借口击退了一半。只要有了这种拿到任务就做的意识，我们往往能有一个顺利的开始。

要有敢于走出“安全区”的意识，不断挑战新事物。太多人在拖延时找的借口都是这样的——“我从来没有做过，肯定做不好。”正因为这种观念太过强烈，我们才会始终理直气壮地蜷缩在自己习惯的圈子中，不断错失进步、学习乃至晋升的大好机会。如果说已知的知识、熟悉的环境给我们营造了安全区，那如何走出这个安全区，就是拖延症患者们面临的挑战了。

过去我曾非常讨厌学习英语，因为英语一直很不好，所以我告诉自己“我的英语很差，肯定学不会”，学习英语的计划也一拖再拖。而背单词则是最痛苦的阶段，这种从没有过的习惯让我感受到了“走出安全区”的痛苦，我无法顺利背诵，甚至比别人效率低很多。几次之后，我就开始找各种理由拖延了。

直到后来，我的单词表也始终停留在“B”开头的单词上，而这带给我的则是不合格的成绩与后悔。后来我强迫自己去适应，在坚持了半个月之后，就感受到了朋友所说的“背英语的乐趣”。原来习惯之后，真的是非常轻松的一件事。

这其实就是一个打破、重建安全区的过程。而我们在面临挑战时，最容易犯拖延症、给自己找各种借口，要解决这个问题也很简单，那就是将挑战当作常事，经常去试一试新事物，永远在“挑衅”自己的安全区，自然就容易许多。

对于长期进行的计划，应该时刻保有责任意识。如果是与他人有关的计划和工作，就意味着我们不仅要对自己负责，还要对别人负责，而责任意识往往是我们击退拖延症的重要法宝，相反，拖延的习惯也容易让我们的责任意识逐渐消磨。

所以，在长期计划当中，我们应该不断刺激自己产生责任意识。这种责任感可以是针对他人的，也可以是对自己的，不管是对谁负责，当我们有责任意识的时候，会自觉紧张起来，并更有积极性。这大概就是“压力也是动力”的体现了。

做到以上这些，再有意识地锻炼自己少去找借口开脱、多加强执行力，我们就不容易因为五花八门的借口而拖延了。千万不要养成给自己找借口的习惯，哪怕是老老实实承认自己“懒惰”“拖延”呢？一旦你从借口中得到了甜头，这种欲望就会越来越强烈、越来越难以遏制，最终让我们失去责任心和行动力，实在是不可取的。

别总把锅丢给别人背！——负责的人从不推脱

奶奶带着小孙子在院里乘凉，孩子天性好动，满院子跑个不停。奶奶跟不上小孙子，一个不注意，孩子摔倒了，脑门磕在石凳上，起了个大包。

孙子哇哇大哭，奶奶心疼坏了，一把抱起孩子，搂在怀里安慰，“宝宝不哭，凳子坏，凳子磕疼了我们宝宝，奶奶带你去打它。”

相信大家都能看出来，这位奶奶的做法实在不妥。孩子虽然止住了哭声，大人却给孩子灌输了错误的观念：有问题，先推卸责任。

如果一名老师讲不好课，就抱怨学生不够聪明，他不会是一个好老师；如果一名服务人员总与顾客发生纠纷，就抱怨顾客脾气差，他不会是一个好的服务人员；每份工作都有它的责任，如果自己做不好的事都要把责任推卸给别人，借口那么多，那这世界上大概人人都要变成“背锅侠”了。

小美是一家网络公司的文字编辑，平日里主要工作是负责撰写一些新闻通稿、宣传文案。这家公司规模不大，一直以来是小美一个人负责这些文字工作。今年以来，公司业务量逐渐提升，为了提高工作效率，小美的编辑部门招聘了一名编辑助理，作为小美的助手。有了一起分担工作的同事，小美立刻感觉工作轻松了不少。

从前只有一个人的时候，所有文字工作都要交给自己，她一刻都不敢放松，无论何时有工作都会立即完成。但有了助手帮忙，小美反倒懒惰了许多。有什么不想干的活，都交给助手，只要自己最后把关就好。周末有挺重要的紧急任务，小美看电视剧正入迷，想都没想就推给了助手。结果，工作出了纰漏。公司发到网络上的宣传文案，出现了严重错误。

小美吓坏了，被老板叫到办公室好一通批评。为了不被责罚，小美将责任都推给了自己的助手，抱怨助手工作不认真，写完东西不认真检查，抱怨市场竞争压力大。

老板听后，没有表态，只问了小美一个奇怪的问题：“你知道咱们公司的食堂师傅换人了吗？”小美莫名其妙，回答到：“不是去年就走了吗，这个师傅都来这一年了不是。”老板点点头继续说：“你们下面的员工可能不知道，上一个师傅走是因为他觉得自己在这里赚不到钱，干了4个月就走了。”小美依然不懂老板想要表达的意思，只能点头。老板又问：“那这个师傅为什么能干这么久？你觉得是咱们公司的人一天改吃6顿饭增加了师傅的收入，还是原来那个师傅的原因呢？”小美想也没想：“当然是上一个师傅自己的原因了，他做菜只想着偷工减料，菜品质量不好，大家都不愿意去食堂吃了。”说完这个，小美脸就红了，连忙向老板承认错误：“老板，对不起我知道错了，我也明白您的意思了，请再给我一次机会，我以后一定会认真负责好好工作的。”

“嗯，看来你是明白了。他们面对的都是同样的公司员工，是食堂师傅自己的问题没有做好工作。那么到了你这里，同样的工作内容，自己做的时候都没有问题，多了一个助手帮你反倒错误频频，你确实是该反思自己了。”

“这不是我的工作啊，我不知道有这回事”“这个报告是下面人发给我太晚了，我才没有检查出问题来”“是他先打我的，我这是正当防卫”……无论生活中，还是工作时，好像我们总会下意识地将责任、将问题推到别人身上。甚至经常用一种强盗逻辑为自己辩驳：只要别人是主要责任人，自己就可“脱罪”。

这就像习惯找借口的人一样，明明是自己的职责、工作，明明是自己没有做好，但只要是自己不想要的，第一想法就是找借口，往外“推”。而凡事推脱的习惯，总有一天会把机会、成功也推离自己。

【拖延症诊断】

想要不负责任地推脱，情况有很多种。有一种“甩锅”却是拖延症引起的。因为自己不愿意劳动，就把工作推给别人；因为拖延，自己的任务没有做完，就把责任推给各种客观因素，这样的情况在职场屡见不鲜：

1. 我不知道这件事，没人通知我

有一种说法，对拖延症患者来说，简直是万金油，是灵丹妙药，百试百灵，那就是“不知者无罪”。所以很多拖延症患者为了推卸自己的责任，就用“不知道”作为借口，既逃避了工作又不会受到责罚。但那些事他们是不是真的不知道呢，也许是装不知，也许是不想知道，甚至是不让自己知道。到底知不知道，只有他们自己知道。

其实他们心里比谁都明白，工作做不好是自己的责任。但是没办法，谁让自己的拖延症来势汹汹，而又没有敢作敢当的勇气。为了保住饭碗，他们只好使用“闭关大法”，不听、不看、不问，反正事情没正式传达给我，我就算不知情。

有时候为了“让自己不知道”，有些人还会故意绕着工作走，这时候的他们一点没有平时懵懵懂懂，“两耳不闻窗外事”的迷糊样子，一定是“眼观六路，耳听八方”。比如看到快下班了领导还在开会，为了避免加班，他们一定是走得最早的。回头若是被追究，他们完全可以理直气壮地说：我走得早，我不知道。

这种故意营造出来的“无辜”，一次两次领导会信，若是工作中一直依赖这种“小聪明”逃避责任，迟早有一天你会被out！

2. 你出问题是你的事，我出问题也是你的事

有时候一项工作要经过好几个环节，需要多个同事共同协作才能完成。真正有责任心的人，在同事遇到麻烦，或者上一环节工作没有按时完成的情况下，都会尽己所能解决问题，在自己这一环节追赶进度，大家共同努力完成工作最重要。

而这样的情况出现，习惯拖延的人可开心了。“别人那里出了问题，我就不用急着做了，正好可以歇一歇，反正不关我的事。”“既然进度已经耽误了，那我拖一拖也没有关系吧，责任在他们，是他们先打乱计划的。”这种丝毫没有集体意识、合作意识的行为，就是推卸责任，就是在为自己的拖延找借口。

3. 责任这“锅”甩不出去也要甩

爱推卸责任的人，总有一套自己的办法，把“责任”这口锅甩给别人。狡辩、计较、紧抓别人失误不放，只要能甩掉责任，什么借口都能想得出来。

有些时候，推卸责任已经是下意识的行为，排除责任，一身轻松。比如下雨天迟到，他们一定会责怪交通，责怪路政。那么请问，长这么大您是第一次遇见下雨吗？您是第一次知道交通状况不好吗？现在的天气预报如此精准，前一天不知道要看天气预报提早出门吗？明明就是自己拖延，不能准时起床。

这种没有人可怪，怪到天气上的“懒借口”真的挺愚蠢。只不过有些时候别人不拆穿，不计较。但他人不计较，自己可

不能心安理得，不要让自己成为一个没有担当，负不起责任的人。

【“抗拖”方案】

出了问题别急着开口，先承担下来再去细究。不知什么时候起，找借口成了工作中推卸责任的习惯，只要工作有问题，张口就是别人的错。这样的行为最容易引起领导反感，不是你的错，也会因为态度问题受牵连。

一个好的团队，一定是有集体意识的团队。任务分工而责任不分工，谁比谁多承担一份责任没有关系，大家都是为了把工作做好。

下次再遇到这种情况，先别急着开口辩解，人在紧张愤怒的情绪中最容易失控，不经大脑思考脱口而出的话，很有可能是不负责任的互相指责。承担后果没那么可怕，沉默也是对自己的一种保护。即使有什么值得商榷的地方，也可以等解决问题之后再细究。

别为自己找借口，责任感需要直面错误的勇气。正因为有太多的借口可以利用，工作中的拖延现象总是发生。因为计划牵扯到他人，所以心里给自己找到了退路，计划无法完成还可以推脱给别人。因为工作确实受客观因素影响被耽误，就在自己主观上也放松了要求，出了问题还可以推给其他因素。借口成了拖延症患者的“避风塘”。

严格地说，即使真的被你找到了借口，将责任怪罪到别人身上，也要算作是管理不力，本该是你的工作为什么要别人去做呢。

要打破自己的陋习，就要先从“拆除”心中的避风港湾开始。做自己的事，不要考虑别的一切影响条件。别人做得好不好与自己无关，更不该被自己利用。责任感既是针对他人的，也是要求自己的。想拖延的时候，别去主动“找”借口，时刻注意提醒自己，自己本就该负责的工作，如果做不好没有任何理由。

工作不是玩抽奖，我们不爱“再来一次”

如果你的人生有了再来一次的机会，你最后悔，最想要纠正的是什么？

如果再来一次，我一定好好学习，认真对待每一次考试，听老师的教导听父母的督促。

如果再来一次，我一定不会在该奋斗的年纪贪图享乐，在该吃苦的那几年放任轻松。

如果再来一次，我一定要紧紧抓住那个人的手，无论遇到什么，都不能错过。

如果再来一次，我一定要认真准备那次的项目，不让机会白白错过。

要是人生真的像抽奖一样，让我抽到一个再来一次的机会就好了，哪怕能回到过去几秒，我也要抽醒那个不知道努力，浑浑噩噩的自己……

年轻不怕失败，是因为我们还有时间，还有承受失败的资本。但有谁能永远年轻呢，不要以为所有事情都经得起失败，可以重新来过。尤其是职场，对待工作如果儿戏马虎，总以为做不好还有机会可以重来，把握不住机会，那你只能在原地徘徊，永远没有进步，成为一个“loser”。

小马今年二十三岁，刚刚大学毕业找到工作，正是最好的年纪。职场虽然残酷，但是对待新人，总有它宽容友善的一面，作为职场新人的小马感受到了同事们春天的温暖。

对业务不熟悉做起事来速度慢，领导没有责备他，还找来同事帮助小马，希望他尽快融入集体，工作走上正轨。作为新人经验难免不足，小马有时工作做得不周全，老板也不会过多指责，反而像老师一样给小马传授经验，鼓励他做得更好。

小马觉得自己真的幸运，遇到了好的工作，碰到了好的领导和有爱的同事。但是这种便利与友善在日后却成了小马工作中的最大隐患。

也许是因为小马年纪小，性格又好，同事对小马总是格外宠爱。做错的事情，只要不影响太大，都会以教导为主不过多责罚。但小马却恃宠而骄，以同事的宽容作为自己拖延的借口。明明能做到 100% 的事，他也懒得尽全力去做，他知道只要做到 90% 就不会有问题；有时候不愿工作了，他就会草草了结手头上的事情交差，因为他知道领导还会再给他一次修正的机会，到那时再去改正也不会有什么问题。

于是他越来越懒，什么事情都要拖一拖才能做好，半年过去，工作还是没有长进。没有人能一味地容忍故意犯错的人，小马心里的“小九九”被领导无情道破，职场的残酷终于显现。小马一下子成了众人教训的对象，再也没了当初“顺风顺水”的日子。

工作不能儿戏，本应是人人都懂的道理。小马浪费了同事的友善，以为工作就像玩游戏，随时随地可以重新开始。

【拖延症诊断】

有恃无恐的心态是导致工作敷衍的最大诱因。工作中一旦有了可以再来一次的保障，就像给自己上了保险，顿时心不慌了，不着急了，做什么“坏事”都有底气了，这就是传说中的有恃无恐。

“随便做一做先应付去嘛，做不好我可以再返工。”如果做什么事都是这种心态，必然对待工作就不会上心，本来不会出错的工作也被敷衍地对待。有些事出错了固然可以再来一次，但是耽误的时间却无法挽回。这也是很多人做事拖延的原因，不是不做事，而是老出错误，在无限的返工中拖延了时间。

有些事可以再来一次，有些事错过了再无法挽回。刚入职时，我们每次犯错都会心惊胆战，以为工作出错就是天大的麻烦。时间久了，却发现犯点错误也并非世界末日。我们平时的工作可能要求没那么高，偶尔出错了还有机会修改，耽误了进度也不会有太大的问题。这样宽松的工作环境，就会让我们养成做事不够认真的坏毛病，对待自己的要求也会降低很多。

都说机会是留给有准备的人的，我们平时敷衍、散漫惯了，觉得工作出点错误没有什么。可就是有些工作，半点错误也容不得，等真的遇到对自己很重要的机会时，就会因为能力达不到而错失良机。

为什么要养兵千日用兵一时，还不是为了那一时能够所向披靡。平时的工作虽不起眼，却是对我们能力的锻炼。养成做事情一次到位，不返工、不拖延的毛病，绝对会对我们未来的职业生涯大有裨益。

【“抗拖”方案】

机会是自己抓住的，别给自己重来一次的退路

正如前面讲到的，如果平时的工作态度都这么散漫、敷衍，等遇到重要的、需要展现自己能力的工作时，一切就晚了。不要以为自己做的工作都是无意义的，不要因为工作简单就拖延，就不认真对待，不从平时的小事锻炼，怎么能胜任日后的终极大任务呢。

我们不知道机会何时会到来，但我们要在机会来临之前做好一切准备。人生无悔，没有任何工作能被你一遍一遍推翻再重来，这样的问题总发生在你的身上，怎么能让领导不怀疑你的能力呢。

任何事做第一遍时就不要想着回头，每天都有新的挑战，哪里有时间为自己从前的错误弥补呢。态度决定一切，不认真就是态度问题，所以先从心态上改变，不把工作当儿戏，不把人生当游戏，认真对待生活和工作。有了一个积极向上的态度，事情就成功了一半。

工作不分高低，认真地对待每一份工作是对职业的尊重

有些人特别喜欢为自己工作的不认真找借口：“工作太没有挑战性，根本就不值得我做，难免疏忽大意。”照这些人的说辞，那我们是不是也可以认为他们没挑战性的工作都做不好，更不敢交给他们重要的任务了。

所以，别给自己的不认真找任何借口。我们从不应该将工

作分高低贵贱，每一份工作都有它独特的意义，认真是对自己职业最起码的尊重。但我们可以给不同工作设定不同目标，锻炼自己的工作能力，和认真做事的习惯。

比如一些简单的任务，我们可以要求自己在尽可能短的时间里把它做完，并且不能够出错；稍微难一些的工作，我们可以要求自己在限定时间内做完，并且把错误降到最低；如果真的是比较棘手的问题，自己能力还不足以完美搞定，那就一点一点来，先求质量再求速度。

这样的区分，不是为了体现他们值不值得我们做，而是为了把工作细化，用不同要求约束自己，力争将大大小小每一件工作都做到最好。

抽不到敬业福？那是你还不够认真负责

相信很多人都知道近两年春节期间风靡一时的“集福字”活动吧，爱国、敬业、和谐、友善、富强，集齐五福就能召唤大红包。当时大家最着急的就是集不到“敬业福”，四处找人求敬业。这个活动固然有趣，但也应该让我们反思，这五福所代表的品质，我们自身能保持做到吗？

就比如说这“敬业”，从什么时候起我们只是为了生机奔波，为了生活而生活。自己当初追求的理念、自己的梦想都还在吗？也许你要说，我的激情早已被岁月磨灭，被生活耗尽。但是只要我们还在职一天，敬业这一点就不能被我们抛弃。

好像我们潜意识里认为敬业是一个特别隆重的词语，但是落到咱们的生活中，却是再简单不过的要求：做工作别应付，定好的计划就要如期完成，自己的责任别推诿，能做好的事情别拖延。

诺诺本是一家跨国企业的职员，高学历“海龟”、IT行业、跨国企业本该是前景一片光明的他，却在上周被炒鱿鱼了。诺诺简直气坏了，自己不就是在外面接了个私活吗，这年头谁不想多挣一点钱，只不过是上班的时候碰巧收到对方邮件处理时花了点时间，又没有耽误自己的工作，就说我不敬业解雇我？想到自己兢兢业业没日没夜加班的样子，自己还能再敬业一点吗？诺诺简直委屈得要哭。

在家消沉了好几天，诺诺决定跟自己留学时认识的外国朋友哭诉，顺便控诉一下自己的洋老板。视频接通，诺诺倒豆子似的把这么多天的委屈与不解全都说了出来。眼看诺诺又要陷入情绪，他的朋友赶紧开口劝解。

“嘿兄弟，要我说，这件事情你老板做得可没错，虽然这个老家伙确实反应过激。”外国朋友的安慰显然直接了点，诺诺表情更难看了。

他的朋友又赶紧说：“你天天加班是因为你勤奋，至于你说的敬业，我只能遗憾地告诉你，勤劳是敬业中的一小部分。甚至如果我是你老板，我可以合理怀疑，你加班是不是因为自己接私活耽误了本职工作。”

这番话说得诺诺哑口无言，他不解，他气愤，自己的朋友都要站在老板那边吗？看到诺诺这样，他的朋友又说：“我找到一份美国盖洛普公司曾经做过的问卷调查，旨在统计全世界各国各行业志愿的敬业程度。我问你其中几个问题，看你能不能理解。”

1. 你知道工作对你的要求吗？

2. 你有做好你的工作所需要的任何材料及设备吗？

3. 公司的使命目标使你觉得你的工作重要吗？

当这些问题抛出，诺诺立刻理解了朋友的意思。虽然还是对老板这么重的惩罚感到不甘，却没有之前那么气愤了。回想自己对待上一份工作的态度，好像只是把它当作养家糊口的工具，所以自己永远不满足。甚至都没想过靠努力工作、提升自己来增加收入。

不知道大家看了这三个问题有没有理解诺诺的遭遇呢？没错，诺诺被解雇的最重要原因就是因为不敬业。上班时间收发私人邮件本就不妥，更何况诺诺还是为了挣外快，拖延了自己的本职工作。这件事虽小，却体现出诺诺对待工作不认真、敷衍、不负责的态度；对待公司不尽心、不认同的思想。

【拖延症诊断】

敬业不只由工作的辛苦程度衡量，更重要的是激情和责任感，以及个人对公司的认同和归属感。很多人对待工作的态度虽不消极，但从未积极过。没有激情就没有动力，没有动力做事效率当然不会高，从长远角度看，这些人也是一种慢性拖延。

只要按时上下班就是敬业

很多人对自己的工作要求就是按时上下班，工作不出大错，当一天和尚撞一天钟。这种不投入的员工对企业来讲，意义仅在于完成基础工作。因为他们没有代入感，没有对自己事业的激情，所以他们不可能积极主动地推动创新，甚至带动整个组织前进。

所以这也是为什么有人兢兢业业工作很久却没有升职的原因，因为他们没有责任心，他们不够敬业。领导看到心思压根不在企业、不在工作上的员工，怎么可能重用呢？

抱怨太多，不满太多，问题出在谁身上？

消极怠工的人，不只是自己工作不积极，不能按计划完成工作，他们对身边的人是一种影响，破坏工作环境，扰乱积极向上的氛围。有些人工作时间不久牢骚倒是挺多：看不惯同事，瞧不上领导，对自己干得多拿得少不满，对整个公司都不满。

工作在他们眼中是一种沉重的负担，能推脱的事情绝对不插手，不着急的工作能拖就拖，计划永远赶不上他们的变化，工作出问题先抱怨一切客观因素。

但这种人有再多的抱怨也不会主动离职，因为这是他们唯一糊口的生计，抱怨是他们唯一的能力。

【“抗拖”方案】

如果选择接受你的工作，请至少投入进去

敬业是对一件工作全心全意热爱一辈子的精神，这真的很难，能找到自己热爱的工作是一件幸运的事。我们不是说干一份工作就要一辈子拴在那里，如果真的不喜欢这份工作，我们鼓励大家勇敢地辞职去寻找自己的热爱。

如果你选择接受自己的工作，请收起你的不满与抱怨，认真工作，做一个敬业的人。我们不需要达到那种至高无上的境界，只是很简单的几个要求，做到它们，能够帮助我们获得更好的发展。

首先就是工作别应付，再多的抵触也无法改变自己选择了这份职业的事实，既然开始做，就把它做好。应付出来的结果必定是返工，本就不喜欢的工作再多一遍岂不更痛苦？所以不如一开始就把它做好，让“麻烦”别再回头。

其次就是定好的计划就要如期完成，这个是对自身行为的要求，做事有计划是好的习惯，但制订出的计划从不认真执行，有这自欺欺人的时间还不如直接去做更高效。

最后的要求是，自己的责任别推诿。责任感是工作中不可或缺的品质，培养责任感对于提高工作效率，增强团队精神很有帮助。培养自己的责任感，学会承担责任，做一个对工作认真负责的人。

别当孤独的行者，共同前行才能走得更远

因为某些传言和职场的不正风气，很多人对身边的同事充满了忌惮。同一个部门的同事往往存在竞争关系，所以为了避免尴尬大家干脆保持距离。

同事真的不能成为朋友吗？不是朋友的同事就无法合作吗。当然不是，我们要学会区分职场关系与私人关系，谈合作不谈感情，谈感情不提工作。同事有竞争更有合作，单兵作战必然不如协同合作威力强大。

一个真正敬业的人，对自己的公司也是充满归属感和认同感的，如果你总是孤独一个人，难免走入极端，把自己放在绝对孤立的状态，没有同事的牵绊，也融入不到公司中，自然找不到归宿感更无认同感。

放下心中的戒备，尝试与同事相处，能够激发自己对工作的兴趣，从而增加对自己工作的认同感。心里有了认同感，做事自然就开心许多，也能少一些抵触情绪。

【习惯解密】为什么我们总爱寻找借口？

很多时候，我们不仅习惯于拖延，而且习惯为自己的拖延找借口，因为借口而继续拖延。哪怕是拆开来看，这两个习惯也是非常不好的，如果不小心结合在一起——我想，你的拖延症真的非常严重了。

为什么我们总是喜欢找借口呢？人类似乎非常善于从大量现成的借口中挑选，通过各种借口给自己的拖延或者其他行为开脱，最终限制我们自己的能力，让我们无法成为一个更好的人——无论是在身体上还是在精神上，甚至是在感情上。为什么会这样呢？

1. 寻找借口是为了保护自己

心理学家表示，我们在自我保护的环节中放置了“找借口”这个行为——这是我们表达的一种行为，它的存在可能阻碍我们完成任务，但它最初源于一种更深的、无意识的自我保护欲望。

当我们可能感到的焦虑或羞愧越多，我们就越有可能寻找一个借口，阻碍我们实现目标。借口的目的是将别人的焦点转移，从让我们焦虑的事情上转移到其他地方。举个简单的例子，当有人问你为什么没能按时做完事情，你的焦虑和羞愧就会接踵而至，潜意识很快试图保护你的自我意识免受攻击或批评，所以你会脱口而出：“因为事情太多了，本来就做不完。”

我们找这样的借口，其实就是为了给自己的羞愧开脱，继而我们自己也会相信这种说法——没错，就是事情太多了，并不是因为我自己拖延。所以久而久之，我们就习惯了用借口来武装拖延症。在某种程度上，“找借口”这个保护机制在起作用，它让我们感到更少的负担、焦虑，但这是好事吗？

2. 因为自尊心强烈而寻找借口

许多时候，我们正是因为明白拖延导致的后果很严重，所以不愿意面对和承认，才会为了保护自尊而找借口。这样的借口有时是有益处的，比如当你偶尔因为拖延完不成任务，如果自尊心被打击，很容易导致自己“自暴自弃”，下一次也不再认真完成。此时就可以用借口保护自己的自尊，维护下一次更好的表现。但是反过来说，这样找借口维护自尊的行为只能是偶尔出现的，如果你早就习惯了拖延，千万不要再习惯找借口，否则你的问题会越来越严重，不能起到良好效果。

3. 找借口是一种已经熟悉的不良习惯

找借口往往是潜意识的过程，它已经成为了一种习惯。打破习惯需要有意识地努力，所以并不是简单就能解决的。要知道，习惯已经深深地烙印在大脑的神经当中，会让我们下意识地做出反应，所以改变这样的习惯是非常麻烦的。不过根据研究，人们在培养习惯的过程中，更喜欢以新习惯覆盖旧习惯，如果两种习惯都存在，我们会不自觉地选择新习惯去处理事情。所以，有意识地培养一个不爱找借口的新习惯，你会很快解决它。

第四章

生活热情杀灭剂——你不在意的拖延习惯

crastination procrastination procrastination procrastinati

习惯性拖延让我们失去激情

习惯性拖延会给我们带来许多负面影响，这可不仅仅意味着任务完不成、失去别人的信任，从自身角度上看，我们的工作激情也会伴随着习惯性拖延越来越少。

简单来说，当你习惯了一次次拖延时，你就会失去自己最初工作的动力，失去专注于一件事的激情，最终变得惰怠而疲倦，从而更加拖延——这就进入到一个恶性循环当中。

“为什么我觉得工作越来越无聊、越来越不想做？”

“感觉我患上了职场倦怠症。”

“工作太没意思了，就想拖着不做。”

……

这样的想法，是不是经常出现在你的脑海中？尤其是长期从事的工作、一成不变的生活，常常会让我们产生倦怠感，失去激情。大多数人都认为，是缺乏激情让自己开始拖延，殊不知在这之前，可能正是一次次的拖延让我们失去了激情。这个因果关系不搞清楚，你就永远不知道什么才是倦怠感的“罪魁祸首”。

在今年的毕业季，公司又招了几个实习生，小李就是其中之一。虽然不是名校毕业，但小李很有工作热情，带着一股年轻人特有的朝气和积极性，这让我一开始很看好他——年轻人要有积极性才会敢闯敢干，如果没有这股激情，恐怕一辈子也无法创造出什么事业。

最开始的一周，小李总是特别主动地“找活干”，自己手里的工作拿到就先完成，完成后立刻找带他的前辈或者上司主动接任务。我告诉小李：“你不用把自己逼太紧，不然你过阵子就不想干了，要劳逸结合。”但小李却很积极：“没事，我是新人嘛，应该多学习。”

而第二周开始，小李就逐渐适应了办公室的节奏，开始放缓自己的步伐。此时，我发现了小李的一个问题——当他失去了新人的紧张感与积极性时，就暴露了自己有些拖延的毛病。这让我有些担心，一个有拖延症的人，就算工作时有再多积极性，最终也会逐渐被磨掉。

小李的拖延症让他渐渐发生了改变，一开始他总在任务开始的前几天就提前完成，后来就逐渐变成了卡着日期交任务。由于小李知道自己还在实习期，需要考核，所以倒不敢拖到日期之后，总在日期结束前加班加点地工作，但他已经失去了一开始提前完成任务的积极性。当他能主动完成任务、提前完成任务时，自身就会足够自信、对任务的安排很有秩序感，而且完成后会有一定成就感。但当他总爱卡着日期完成任务时，就变得手忙脚乱起来，做什么事都显得很忙碌、没有章法，任务完成时也只有“解脱”的感觉，似乎一下子放松了，反而失去了从自己的成果当中获得满足的心情。

所以，小李的激情就在这一次次“赶任务”的过程中磨掉了。过去他是主动去做的，自身很有动力；现在他是为了不延期而去做的，非常被动焦虑，所以很快就感受到了工作的压力与烦躁。终于，一个月后他主动辞职了，并表示：“工作强度实在是太大了，我觉得很有压力，这可能不适合我。”

真的是工作不适合小李吗？如果他保持着拖延的习惯，以后不管做什么都会逐渐厌烦的。因为拖延加重了他的焦虑感，所以他“迁怒”于工作而已。

从小李的例子上你会看到，其实很多时候并不是工作的压力让我们变得拖延，而是我们的拖延在加重工作的压力和自身焦虑。当你习惯于此的时候，最初的工作激情就失去了。其实，你的工作量与最初相比并没有增加，只是因为你太拖延了，所以安排时间的能力不强，这才导致自己失去激情。

【拖延症诊断】

很多时候，工作的激情就是在习惯性拖延当中逐渐失去的。就像我们前面所说的，太多人无法真正厘清其中的因果关系，他们总认为是因为自己失去了工作的激情，所以才开始拖延任务无法按期完成。然而很多时候恰恰相反，正因为我们习惯了拖延，所以才更多地接触到了工作当中不如意的一面，才会因为拼命赶工而感到烦躁、因为临近期限而感到焦虑、因为只关注何时能按时完成任务而忽略了达成任务的成就感，是我们的拖延症让我们将情绪焦点更多地放在负面的一方，所以时间久了，这种负面情绪的累加才让我们对工作失去了期待和热情。如果你在工作当中习惯了拖延，就会感到倦怠；如果你在生活当中习惯了拖延，就会发现自己失去了积极性与朝气。

所以我们得先询问自己，到底是什么让我们开始习惯了拖延？

首先，拖延可能来源于我们对自身不切实际的期望。

这一点最容易出现在我们刚开始进入工作状态、激情满满的时候。激情与积极性和自信心融合在一起，常常让我们对自身的能力产生过高期望，让我们认为我们可以做到，或者说可以在一个更短的时间内做到某件事。这往往会让我们放松对自己的要求，给要做的任务留的时间过少，就容易出现拖延的情况；或者说，因为我们对自己过于自信，在面临现实时一旦被打击，就会让我们立刻变得颓废起来，对工作产生抗拒心态、变得拖延。而一旦拖延，就会产生更多负面情绪，导致进入到恶性循环当中，不仅失去了激情，也失去了工作的欲望。

其次，可能是因为我们还不够专注，不能控制自己在某段时间内专心完成一件事情。

并不是说我们脑子中始终想着工作，这就算是专注、敬业和高效了，有时候想得太多也是一种问题。举个简单的例子，假如你今天要完成三件以上的工作，而这些工作并没有很好地照主次进行排序，你往往就会感到焦虑，到底该先做哪一件事好呢？这种想法会让你的大脑无法专注于其中的某一件事，而是在做着其中一件的时候，不由自主地去思考另一件事该如何安排。这其实就是一种分心，当你无法专注于当前的事情，你的工作效率反而会降低，并不能产生一心多用而更加高效的结果。所以在工作中我们要学的不是如何一心二用，而是要学会样专注于一件事，做好一件事就是极致。

同时，当我们过于关注自身的小心情，让自己放肆地“任性”一把时，也常常会导致工作的拖延。

我们在做计划的时候往往是十分理性的，对时间的安排非常合理，但又过于机械化。人又怎么可能像机器一样毫不停歇地运转呢？在实际操作的过程中，我们总是要被自己的感性倾向所困扰，因为某个时候产生的小情绪或者是身体发出的休息信号，放下手中的工作去放松身心。当出现这些计划外的行为，就意味着我们已经不自觉地开始拖延了。

可能，目光过于长远也会让我们失去工作的激情，习惯了在工作当中拖延。

这里的“目光过于长远”，是指我们在完成计划的时候总是烦恼得太多，明明还没有做到下一个阶段，就已经开始烦恼可能存在的问题了。当我们总这样想时，就觉得前路茫茫，很难看到任务完成的曙光，自然就会产生拖延的冲动。长此以往，尤其是在做周期较长的工作时，特别容易失去积极性。

最后，拖延往往会导致我们降低完成任务时的满足感，有时甚至会导致我们无法按时完成任务而减少物质奖励。

不管是精神上的还是物质上的，当这种奖励无法让我们满意时，工作的激情就会越来越少。

举个例子，假如按时完成一项任务，你可以得到一千元的奖金，如果你每一次都能按时完成并拿到奖金，你就会充满了积极性，并且在这项工作当中投入激情。然而，当你因为拖延而没能按时完成任务，导致奖金折半甚至没有了，大多数人的第一个想法并不是“下次我一定要按时完成”，而是立刻因为这样的打击变得颓废起来，甚至失去追求全额奖金的积极性。

从心理学上讲，这也是导致我们拖延的一个原因。

【“抗拖”方案】

只有对症下药才能成功解决习惯性拖延，帮我们重拾工作的积极性。如果你抵抗拖延症的目标也是想击退职场的倦怠感，重新回到主动工作积极工作的状态，那么下面的方法应该对你有所帮助：

首先，学会看得不那么远，将一个长期的任务分解成几个小任务来做。我曾经看到过一个励志的故事，讲的是一个人如何成为万米长跑的冠军。这个名不见经传的运动者并没有太强的天赋，但他非常懂得自己的心理，在参加万米长跑的时候总是将长跑的过程分成几个不同的小阶段，当他走上跑道时，看见的目标，并不是最终的终点线，而是这几个不同小阶段的终点。当跑过第一个自己划分的终点时，他就会给自己打气：“加油，下一个终点就在不远处。”这样，他每一次都能够看到自己的目标，所以就更有积极性，最终成为了冠军。

这个案例给了我们一种心理学上的启发，人们似乎更愿意完成容易完成的短期目标，而对长期目标比较抗拒。之所以如此，是因为在完成长期目标的过程中，我们无法体会到成功的喜悦和成就感，因为看不到目标，所以感到茫然，因为缺乏成就感，所以缺失了积极性。因此，我们完全可以把一个长期的目标划分为几个不同的阶段，每一个阶段变为一个小任务，当完成阶段性任务的时候，我们就会受到激励，从而保持住自己的积极性。这样不仅可以方便我们抵抗拖延症，也能让我们重拾在工作当中的激情。

其次，要抵抗习惯性拖延，就得让自己更有紧迫感，对时间应该有更强的观念。当一个任务完成的时限是以月为单位计时，我们往往会觉得很长，但如果转变成天，大多数人立刻就能感受到时间的变化，从而产生紧迫感。所以学生时代的高考倒计时往往是提前一年就开始的，并且用天来计算，从 365 天变成 364 天，这个变动产生的紧张感可能比从 12 个月变成 11 个月更让人感同身受呢！

我们要经常思考按时完成任务能带来怎样的奖励，以此激励自己抵抗习惯性拖延，并因为任务奖励重建对工作的激情。从心理学上看，思考完成任务能给自己带来什么好处，比思考完不成任务会带来什么坏处，更能激励我们产生工作的积极性。总是想着后者，反而会让我们的拖延症越来越严重；相反，通过奖励来引诱自己，我们往往能更直接地产生激情。假如完成任务的奖励不足以让我们产生工作的激情，那又怎么办呢？很简单，学会自己犒赏自己，不管是怎样小的一个任务，只要完成了就给自己一些奖励，学会自我庆祝，能让我们更好地投入到下一阶段的工作当中。

工作上，你得有个急性子

俗话说“慢工出细活”，但对拖延症患者来说，有些时候你还真得有个急性子。在完成一项任务的时候，你当然可以坚持认真仔细，以缓慢而稳健的节奏保障任务可以更完美地达成，但在开始一项任务的时候，有个急性子可能会更好地击退拖延症，防止我们因为性子慢而迟迟不开始任务，最终无法按时完成。

这意思就是，当你接到一项任务时，开始得越早越好，在这个问题上可一定要坚持有一个急性子，因为拖得越久，拖延症就越占上风，你就越不愿意开始工作。所以还不如在一开始就狠狠心，让自己的工作走上正轨再说。

小 K 是个深受拖延症困扰的姑娘，她的拖延症是来源于自己的完美主义倾向。平时不管做什么小K总希望将它做到最好，所以一项工作要检查很多遍，反复推倒重建仍不满意，最后好容易做好了，抬眼一看日期，得，已经拖过约定期限了。这种完美主义也让小K做事总是很慢，她深信速度提高了，效率并不会变高，只会让自己的工作质量下降，所以在每一个环节上都耗费大量的时间。因为习惯了这种慢速度，小K的性格也变得慢吞吞起来，哪怕火烧眉毛的任务她也依旧做得不紧不慢，让旁观的人都替她着急。

每次小K要做一个新项目时，身边总会有同事劝说她："你先别做之前的那个项目了，早点着手做这个，就算慢一点，最后也能按时完成。"

可小K却总是有自己的理由："我上个任务还没完成呢！反正这个项目也不着急，先放一放，没问题。"就算这个项目最终可能完成不了，小K也不会特别紧张，毕竟她已经拖延成了习惯，知道就算无法按时完成，后果也是可以承担的，所以反而有恃无恐了。

这样一放就是至少一周甚至一个月，当小K没有立刻着手去做自己当前的项目时，她就总是在内心不自觉地逃避这个项目、逃避自己的工作，所以每当她想到"我要开始做新项目了"，内心就总有一万种理由转移自己的注意力，告诉自己"再等两天也没问题"。所以，放下的项目就总也下不了决心再拿起来，再加上小K自己的完美主义自然就无法按时完成了。

你可能很难想象许多时候正是因为完美主义，我们才无法按时完成自己的任务。有时候，精益求精的结果未必是好的，反而会给我们的工作带来一定困扰，慢工也不一定真的能出细活，关键时刻还是得雷厉风行，有个急性子才能打败拖延症。

【拖延症诊断】

俗话说万事开头难，之所以开头难，未必是因为在开始时我们遇到的困难更多，很多时候往往是“开头”的决心很难下。在拿到一项新任务时，每个人的心里都多少是有些抗拒的——当然，工作狂们可能会被排除在外。但这些工作又不能不做，怎么办？硬着头皮上呗！这时候，那些急性子的人往往会秉持着“伸头是一刀，缩头也是一刀”这样视死如归的决心，拿过任务来就先开始做一部分，反而很容易克服最开始的抗拒心态。假如你在一开始告诉自己“这项任务可以稍微放一放”“我应该准备好再进行工作”，就相当于给了自己一次逃避的机会，给了自己一种逃避的借口，以后再想开始工作时还是会找到类似的理由推脱，就很难顺利开启新的工作了——这不正是拖延症开始的预兆吗？

我们无法下定决心快速投入到工作当中，原因可能有许多，下面我们就来看一看到底是什么，让我们的性子开始变慢了：

1. 缺乏明确的时间观念

总有一些人天生和时间不对盘，对时间的把控能力非常弱。他们可能是对自己的能力有错误的认知，觉得可以用更少的时间来完成更多的任务，而在实际操作中才发现完全不是这么一回事；他们可能对一段固定的时间没有确切的认知，内心并不清楚时间到底够不够，所以也容易导致拖延。当你出现了这种情况，就一定要注意不断强调时间观念，可以借助外界的约束，比如特殊的日程软件，帮助自己更好地认识到时间到底应该怎么安排。

2. 总习惯一切安排好再动手

有完美主义倾向的人总有这样的征兆，他们在做一件事之前并不会贸然动手，而是习惯做好充分的准备，安排好一切再做。从正面的角度来讲，这样可以让我们在做事时有更加充分的准备，处理问题更全面；从负面的角度来讲，我们并不能保证自己可以快速地准备好一切，如果对自己过于苛求，计划就迟迟不能完成，这反而是捡了芝麻丢了西瓜，所以，有这样想法的拖延症患者反而需要冲动一些。

3. 空想主义作祟

总在脑海中模拟自己做了什么事，但既不愿意去动手，也不相信自己能做到。这个情况也非常普遍，很多人想的比做的好一万倍，但就是无法付诸实践，所以只能成为空想。也许是过于不自信，不敢去尝试，也许是失去了尝试的激情，所以不愿意去尝试。总之，他们最终还是迟迟不肯动手去做，自然就因拖延而失去了最好的机会。

4. 总被不重要的杂事吸引注意力

专注力是拖延症患者最容易缺乏的东西，想获得效率其实很简单，只要能专注于眼前的一项活动，你就一定能高效完成。大多数人之所以拖延，就是因为注意力很容易被其他事情所吸引，尤其是在做一项相对枯燥困难让自己感觉乏力的事情时，我们最容易将注意力转移到更加轻松愉悦的环境中去，所以如何抗拒不重要的小事杂事对自己的吸引力，让自己正确面对手中的难事，也是解决慢性子拖延症要关注的方面。

【“抗拖”方案】

不管是在哪个行业，想要做出一定的成就，成为行业中的精英人士，你就必须要具备一个特点，那就是言出即行、言出必行，我们称之为“行动力”。行动力有时候比智商和才能更加有用。培养了行动力，你就不必担心自己再有一个慢性子，也可以完美地摆脱拖延症的困扰，所以下面我们就着重看一下如何培养自己的行动力：

准备活动当然可以做，但不要坚持准备完美之后才开始行动。大多数时候现实状况往往不如想象那么完美，我们可能永远都无法在完美的前提下开始自己的工作。当你在细节上过多追求时，可能错过的是更加重要的时机，甚至直接错过按时完成任务的机会，既然如此，为什么还要苛求自己迟迟不肯动手呢？在问题出现的时候就开始着手解决它，在任务下达的时候就立刻去做，这才是职场上的正确态度。

要去做，而不是单纯去想。很多时候我们脑子中的计划也不少，但是因为太缺乏行动力了，所以这些计划十个当中也没有一个能够实现。“实践是检验真理的唯一标准”，这句话本来就是一个真理，不管是多么华丽的想法，只要你不去做，它就没有丝毫意义，反而会随着时间的消逝而越来越模糊，最终导致我们的灵感如昙花一般，出现即消逝了。

任何恐惧和忧虑都可以用踏踏实实的行动来解决。越是面临难以解决的问题和时间漫长的计划，我们就越难下定决心着手做，因为这些问题和计划都会让我们产生畏难感，担心无法得到满意的结果、恐惧过程中可能产生的困扰，其实这些负面情绪完全可以通过几个简单的行为来改变，那就是——立刻行动！畏难情绪在很多时候往往是杞人忧天，真正做到那个阶段时，你会发现这根本不算什么问题。但如果我们一开始就被吓到了，因而抗拒去做，这就会成为一个永远的问题。

做事时学会开门见山，单刀直入，切入正题。我们的骨子里可能带着中国人的委婉，所以不管是进行社交活动还是一个人工作，在正式开始之前总要迂回地进行一些准备，比如在开启一个工作话题之前，我们总要就不重要的小事寒暄一段时间；哪怕是自己一个人工作，也得先找点简单轻松的小事，打发一会儿时间，才想去着手做正事。

这些不能立刻切入正题的行为，有些时候反映了我们对手中任务的抗拒心态，拖的时间越久就越容易受到影响，所以在要做正事之前我们不如舍弃那些不必要的准备工序，直接单刀直入，切入主题，反而会更容易开展手中的工作，也不会因为分心而导致拖延。

未雨绸缪和笨鸟先飞：解决拖延的一大秘方

拖延症这东西几乎可以说是“你有我有大家有”，没错，严格来说我也有拖延症，而且还真是不轻呢！

每次接到一个新稿件时，我首先想到的并不是立刻着手去写，而是先计算一下日期，看看什么时候开始写，能够恰好在截止日期前交稿。然而，哪有事事都如安排的一样完美出现呢？我经常在过程当中遇到一些意外突发事件，所以导致稿子常常拖延。这样一看，还真得感谢编辑们的不杀之恩。

而我这样的行为则来源于长时间写稿产生的倦怠。拖延症的产生必有其因，而原因是各不相同的，我们需要先找到原因再提供针对性的解决方法。当然，有些办法是可以应对任何一种拖延症的，比如下面我要介绍的“笨鸟先飞”法，就是让我们通过合理的安排、计划，先提前将任务的一部分做好，这样拖延症就会减轻很多，而且即便拖延造成的后果也不严重。久而久之，我们就会产生及时完成、提早完成的积极性了。

我认识的一个作者小 C 就有严重的拖延症，跟他比起来，我那点儿小懒惰根本不算什么。小 C 的习惯简直令人瞠目结舌，假如他手中的写作任务为期一个月，他一定会将其拖到这个月最末的三四天才开始着手完成。将一个月的工作量压缩到三四天，这得需要多大的毅力和精神才能够完成呀！所以小 C 在任务截止前总是拼命熬夜加班，有时晚上写到凌晨三点多，第二天早上不到五点就起床，中间的睡眠时间还不到两个小时。

我们先不提这样强度写出来的稿子到底能不能兼顾质量，就只拿小 C 自己的写稿习惯来说，对健康产生的伤害是极大的。

作为小 C 的朋友，为了不让他过早地因为忙碌的工作而猝死，我不得不从各个角度花式劝说他，但是小 C 自己也很无奈：“这可怎么办？我已经养成了习惯，要让我提前写，我根本就没有动力下笔。”尤其是一想到一本书的字数那么多，小 C 就更容易产生抗拒。

我想来想去，最后建议小 C，将一本稿子按照字数和章节分成两三部分，这样每一部分看起来的工作量就小了许多，然后在任务下发的时候先完成第一部分，或者直接在之前的准备工作当中就把第一部分写好。这样我们在去看一个整体的任务时，就会发现量少了很多，不仅完成起来更加容易，而且心理压力也就减少了。

这次小 C 总算听从了我的建议。他在将稿件送给编辑过目审核之前就将 1/3 的字数写好，这样当稿子通过后再开始写，他就只需要面对过去 2/3 的量了。这种两段式的工作方法让小 C 变得比过去更有积极性，夸张的赶稿情况也就越来越少地出现在他的生活中了。

拖延症就是这样，你明明知道有重要的事情必须要做完，但是只要不到必须完成的最后一刻，你就没有决心和自制力强迫自己去做，就是没有决心做完。有些时候，我们不必追究自己为什么有这样的拖延症，或者说我们并不能清晰地分析出我们拖延的理由，那这样的拖延症就可以放任不管了吗？还有一些适用于普遍拖延症的办法，可以让我们解决它，所以千万别对自己自暴自弃，放弃自我、缺乏管束的欲望才是我们深陷拖延症最大的原因。

【拖延症诊断】

每个人都有自己不想去做的事，最终都可能演化成拖延症，所以不要认为拖延这个问题自己不存在，其实人人都受到拖延症的困扰。大多数时候拖延症可以归结于两个原因，首先是因为惰怠缺乏激情和动力，所以产生拖延症。也许完成任务的奖励不够丰富而吸引人，也许认为过程过于枯燥庞大，这些负面情绪都会让我们不愿意去着手做事，最终因为懒惰而拖延。其次则是因为厌恶某些事而产生拖延症，简而言之，你要做的正是你最讨厌的但是又不得不去做的事，在这个关口你会如何选择呢？人生不可能时刻任性，我们不能永远选择做自己喜欢做的事，所以有些事哪怕再厌恶也要去做，但是做的态度就有很大差别了——能克制自己的人，哪怕做厌恶的事情也能做得很好，不能克制的人，就会对这样的任务敷衍了事，拖拖拉拉。

而这两个原因再总结一下，其实都是我们完成任务的欲望不够强烈，被其他的想法干扰。想一想，你是否出现过下面这些问题呢？

1. 总喜欢把任务量最大或者最困难的事情放在最后完成

同样的任务，在完成过程中我们也能感受到不同部分的难易，越难的任务产生的抗拒感就越大。所以很多人总是早早地将最简单的部分完成，然后就开始拖延，迟迟不肯下决心着手去做，不知不觉就拖延了完成期限。当你习惯于将事情放到最后完成时，你的拖延症危害就越大，拖延就越明显。原因很简单，在一开始你都不能狠心去做，又怎么能保证自己在后面做好这件事。

2. 因为讨厌一件事而不断推迟

我们经常由于讨厌某些事而不断推迟自己的计划。在面对喜欢做和讨厌做的事情时，大多数人的态度是不同的，我们总能积极、主动地去做喜欢的事，而不断推迟或回避那些讨厌的事。从某些角度看，这其实是一种低情商的表现，因为我们无法控制自己的行为不受情绪困扰，会因为情绪而改变行事方式。大多数不够理性的人都会面临这种问题，因为感情因素的影响，直接导致工作效率上升或者下降。在面对喜欢做的事情时，我们往往充满干劲，很有积极性，拖延的情况就极少出现；然而一旦发现某些事不是我们所喜欢的，甚至是极其讨厌的，完成它的动力就有些不足了，最终也会因为这个原因推迟完成期限。

3. 越是临近期限就越是容易因为焦虑而产生拖延

很多人都感到诧异，在即将交任务的时候，我们当然会感到焦虑了，这种焦虑为什么会导致我们拖延呢？难道不应该是更积极地去做吗？不，人类的心理就是如此奇怪，当我们因临期而产生焦虑状况时，反而会陷入越着急越不愿意动手去做，越不做越着急的怪圈。

总之，这些拖延问题都需要我们用“笨鸟先飞”的办法去解决。

【“抗拖”方案】

想要改变自己总是拖延的情况，习惯于采用“笨鸟先飞”的方式将事情提前做好，我们可以从以下三个方面入手：

1. 把最难和最讨厌的事情放在最前面解决

很多时候，让我们不断拖延的罪魁祸首就是一项任务当中最难或者我们最抗拒最讨厌的部分。因为一想到这些内心就会产生厌烦等负面情绪，所以我们总不断找借口推迟计划，不愿意按时完成。你要明白抗拒和躲避是没有效果的，不如狠狠心快刀斩乱麻，先直面最最不想做的部分，当你解决掉这部分难题，后面的计划就变得顺畅了许多。

当你同时有 3 到 4 件以上的待办事项时，别急着去做其中最简单的几件事，从最难最讨厌的入手，可以彻底地解决因为厌恶而导致拖延的问题。要知道不管你再怎么厌烦这件事，只要不能摆脱，就总要面对，早面对反而可以更早解决内心的负担。

2. 养成在做任务之前进行准备的习惯

很多任务和计划并不是突然出现的，可能在做这个任务之前，我们就已经对即将到来的工作有了一定的了解。在这种情况下，我们不妨在较为轻松的空闲时间，对即将要做的任务进行一些准备，这样在任务的开始阶段就能更加轻松一些，我们可以更快地转变自己的态度，投身到工作中去，而不会因为不适应产生拖延。

3. 可以在任务开始的前几天内给自己定一个小目标，完成其中的 30% 到 50%

提前完成一部分任务是很有必要的，不仅可以减轻后面的工作负担，而且能给我们在心理上缓解压力，心理压力越小就越不容易拖延，压力越大越容易让我们产生焦虑感，并因此拖延。

4. 学会根据任务的轻重缓急对其进行排序，按顺序依次完成

很多时候我们之所以会拖拖拉拉，是因为手中的任务太多了，繁乱的安排让我们不知道从哪一件事开始做起，只说不知道从何入手解决我们的工作，反而容易因此产生烦躁感，导致不断推迟，学会根据任务的轻重缓急给它们排序很重要。排在前面的自然是最要紧也是最着急的任务，其次是比较着急的任务，然后是较为重要的任务，既不重要也不紧急的，放在最后即可。这样一来，我们的安排就变得非常有条理，只要每次完成一件事，很快就能将任务解决。最重要的是，这样的安排可以让我们处于积极的情绪状态，不会因为消极而怠工。

5. 每次设定任务计划时，将截止日期提前几天

假如你担心自己有拖延的习惯而无法按时完成工作，不如在设定任务计划时就将拖延的时间留出来，提前于截止日期给自己规定好完成时间。这样，如果你能按计划完成，你还有几天的空余时间可以放松。如果你不能按计划完成，也有一个缓冲期，可以加班赶工。这虽然不能直接改变我们的拖延习惯，从侧面看也能间接帮助我们对抗拖延症。

亲爱的，别对自己的效率有任何高估

很多人之所以有拖延的习惯，并不是因为自己多么排斥自身的工作，而是因为他们高估了自己的效率。这些人可能过于自信了，以为自己可以在更短的时间内完成一项工作，以为自己可以长期保持专注并以巅峰状态来完成工作，然而事实并非如此。所以，对效率的高估让他们不能正确的认识自己的能力，就不能合理安排时间，最终导致计划一次次拖延。

归根结底，这还是对自己的认识不足所导致的。你会发现，清晰地认识自己的能力也是一项重要技能，这能直接决定我们到底会不会产生拖延症。

小 M 是个非常优秀的人，很多事他总能完成得很好，但他也总是完成得“很累”。难道是他的工作压力特别大吗？也不是，只是因为小 M 的工作效率比一般人更高，所以在他的认识中，自己是可以高效完成一切事情的，因此小 M 给自己的时间规划特别紧张，导致他总处于一种紧迫的状态。

按理说，小 M 这种情况跟拖延症是没有一点关系的，但我却不这么认为。我看过小 M 的计划表，虽然他完成工作的日期总是比我们规定的要早很多，但在他的计划本里，他似乎可以更早完成。举个例子，上次公司要他们做一个调研，为期一个月，小 M 半个月就把事情做好了。这样看似乎是没有拖延症的，可是他自己的计划中，这本来需要一星期就够了。

所以，小 M 其实也受到了拖延症的困扰，总是没办法按自己的计划完成。但他每天都足够勤奋、忙碌，所以问题出在哪？我观察了一下，发现是他的计划总赶不上变化，对自己的能力预估太高了。

比如完成一个方案，小 M 在最佳状态下连续工作一个小时，期间保持着从头到尾的专注，可以完成三分之一。于是，他就给这个方案留了三个小时的工作时间，但是你认为他能在三小时之内做好吗？显然不能，首先人都是会疲惫的，怎么可能连续三小时保持巅峰状态；其次，我们总会遇到一些意外事件，导致手中的工作被打断，也不能三小时内一直坚持专注。

所以，小 M 对自己的能力认识有问题，因此很容易出现拖延计划的情况。还好他习惯提前完成任务，所以从没出过差错，要是他喜欢临期再完成任务，恐怕就回回都得拖延了。

也就是说，我们对自身能力的认识如果过高，或者对事件需要花费的时间预估太短，就很容易出现“预留的时间不足以完成任务”的情况。万一这样的安排出现在截止日期前后，一项任务就无法按时完成了。所以，正确安排时间、认识自己的能力也可以从侧面解决我们的拖延症。

【拖延症诊断】

根据研究，我们的大脑中分别有理性和感性的系统，长期在大脑这个领域展开“天人交战”，直接影响我们的行为与决定。理性系统可以让我们更客观地安排计划、完成任务，它负责将一切安排得井井有条；感性系统则更加冲动，它很容易让我们受到情感等突发问题的影响，当我们因为周围的诱惑产生欲望时，感性系统就会催促我们“及时行乐”，让我们产生拖延任务的行为。

在做计划的时候，我们的理性系统往往会发挥主导作用，这让我们总爱以最完美的情况来安排时间和计划，给我们一种“自己效率很高”“一定能按时完成任务”的感觉；但当我们在完成计划的过程中，却总是被感性系统困扰，所以常常出现“大脑出走”的情况，无法专注于眼前的工作，也就没办法按时完成了。

因此，协调好理性与感性的因素，是我们在高估自身能力时解决问题的一大办法。

除此之外，我们的计划设定也会影响到自己能否改变拖延情况、提升自己的效率。一项能在1小时内完成的事，如果你设定3小时内做完，就完全产生不了紧迫感，根本无法做到提高效率。但完成时限设得短一些，就一定能激发我们的动力吗？不，也许它的坏影响比时限过长更严重。

“大概是我对自己的能力预估有问题，每次都觉得自己能够在1小时内做完的事，可却总是拖延到两个小时。导致我每天的计划都完成不了，甚至还因此拖延过两次重要任务，让上司骂了一顿。”

这样的抱怨，你是否也存在过呢？给自己定的计划用时太短了，以为自己能做完、能激励自己做完，没想到紧赶慢赶还是没完成，有时自信满满担保自己可以按时交任务，却因为各种突发事件拖延了，导致给别人留下“不守时”的印象……

出现这一情况，首先是你对自己的认识不够深刻，没有正确预估自己的能力；其次，就是你给自己设定的任务时间太短了。

假如一个事项，正常情况下在2小时完成，紧迫一点1.5小时可以做到，一直处于最佳状态可以在1小时内做完，你应该设定什么目标才算是“高效工作”？可以是1.5到2小时之间的任何一个时间段，绝对不能是1小时。否则，十有八九你都会发现自己无法按时完成。

无法按时完成的结果，从短期来看是打乱了我们的计划表。可能你在之后还有一件重要事情，因为安排得太过紧凑，你就必须从两件事中选择一项、拖延另一项，导致计划没办法按时完成。从长期来看，总是无法按时完成任务，你的积极性和对时间观念的认知就会出现问题，比如一个总是迟到的人，约定时间对他来说还有约束力吗？一旦如此，你用设定时限的方式提高效率的想法就无法实现了，甚至会让自己变成一个真正的"不守时"者。

【"抗拖"方案】

学会按照能力的适当标准来制订计划

在制订计划的时候，我们绝对不能给自己过于宽松的时限，这会让我们无法产生时间观念与紧张感。当你拖到最后才想到开始工作时，就会发现时间一下子不够用了，而自己可能还没意识到这一点。

但这也并不意味着计划定得越紧凑越好。我们一定要按照自己的能力来做一个松紧适度的安排。这样一来，我们就不会因为"逼自己太紧"，反而出现自暴自弃、完全不遵守计划的问题。松紧适度，对我们的健康也有好处，不必让我们的身心时刻处于过度紧张的状况。

留出充分的意外时间

一定要在各项事务之间加上一点足够的"缓冲时间"，或者留下完整的1个小时处理突发事件。在工作中，另一个可能让我们的日程拖延的情况，就是出现在计划之外的突发事件了。这些在原本的预期之外突然发生的事，是无法列在计划表中的，但它们确实会占用时间，所以应该将这些突发事件考虑在内。

很多计划安排都会留下“缓冲时间”，比如番茄工作法中，“25+5”中的“5”，并不是完全用于休息的时间，它也可以用于处理一些突发情况，如需要给某人打电话等。所以，在你的计划表里，给预料之外的事情也留下一点时间吧，这样就不会在遇到的时候，才发现自己完全无暇应对了。

我们需要在日程安排表的各项事务之间留下短暂的“缓冲时间”，哪怕是留给自己休息的，也千万不要省略。而除了这些零散的缓冲时间外，还要在每天留下一个较长的空白时段，从1小时到3小时不等，用于处理大的突发事件，比如帮同事做PPT、教新同事安排活动等，这些可不是几分钟就能做完的事。具体留下多长的缓冲时间，就要根据你自己日常遇到的情况来判断了。

做一件事时尽量专注

能够专注地做好一件事，其效果可能比同时完成许多事更让人敬佩，效率也会更高。这不仅因为专注可以提升我们的效率、防止因为注意力分散导致工作速度拖慢，而且保持专注时，我们的工作积极性就会更强，更愿意去按时完成一项任务。当你觉得当前有很多工作要做，光是犹豫先做哪件事就能耗费许多时间，而这个过程中我们必然会倾向于做更简单的事情、把困难的事放在一边，所以反而会变得更爱拖延。

因此，保持专注就是治疗拖延的良药。

甭管做什么，不行动就是错的

诗人艾青说过：“梦里走了许多路，醒来还是在床上。”还有人说过“与其临渊羡鱼，不如退而结网。”现实生活中也常常有这样的情况发生。

周末到来，自己安排了满满的计划，周六早起整理屋子，出门买菜给自己做一顿丰盛的午餐，下午去健身，晚上回来美美地看一场电影，结果计划从早起就结束了。

最近想要健身，为了选一家性价比最高的健身房，你收到了好多传单，计划选出最心仪的一家去报名，结果计划从选健身房就结束了。

想要创业，脑海中也有个不错的创意，于是你计划做市场调查、做可行性报告、撰写创业计划书，结果计划推翻又重来，最终也没能成行。

想法总是千千万，却从没有付诸实践的时候，成功在一次一次的空想、拖延中流失。我们小心谨慎，做什么事都要先详细规划、一遍一遍推演事情的所有可能，计划想出了很多，可就是不按计划执行。

只会想不会做、只敢想不敢做，难以行动起来的理由有那么多，执行计划的理由其实只有一个：别管做什么，就现在，立刻行动！

老刘是个细心的人，说话办事都很周到，身边朋友也多。可就是这工作，一直没什么大的建树，是个普普通通的上班族。其实早几年他曾有机会创业，却因为自己太过小心，白白浪费了商机。

那时候本市刚兴起一条商业街，正好老刘的朋友与开发商渊源颇深，可以在商业街里租一家店面做生意，位置优越价格实惠。老刘那时特别心动，就让朋友帮着牵线打算开个小美食店。他考察了商业街的位置，看过了各种户型的店面，却迟迟拿不定主意。老刘想得实在是太多了，他想为自己餐厅做一个主题，一会儿想针对年轻女孩、一会儿又考虑做情侣主题。因为主题定不下来，为了配合主题规模的店面也定不下来。

其实他想得远不止这些，自己去创业工作怎么办？如果创业失败还能不能有现在稳定的工作？商业街上其他人都是做什么的，会不会与我的思路“撞车”产生直接的竞争？开美食店我的人手应该去哪里找，想找一个有手艺的师傅实在是太难了。

就这样老刘犹豫又犹豫，计划做出还要左思右想，企划书写了好几份，也没有下定决心行动起来。拖了几个月，最终不了了之。

直到现在，老刘每次经过商业街，看到一家家热闹红火的小店都会唉声叹气，悔不当初，如果不是那时候畏手畏脚，瞻前顾后，现在挣钱的可就是自己了。

没有人能彻底拨开迷雾看破未来，我们不知道以后会发生什么，为了能更有目的性地做事，我们才选择做计划。计划是给我们的开始一个信心，一个保障，而不应该是阻碍我们行动的绊脚石。

【拖延症诊断】

总是患得患失与畏手畏脚，你陷入了思想怪圈

很多人做事拖延不是因为他们做的时候效率不高，而是因

为他们根本不敢开始。做什么事情都想太多，还没开始先预想了一大堆困难，做各种无谓的瞎担心。他们总希望自己有“前后眼”能够把一切不成功的因素剔除，他们幻想自己通过计划、通过调查，一次找出通往成功的捷径，却往往迷失在寻找成功的过程中。

寻找成功不是通过想象，而是通过行动。调查别人的经验结果，远不如自己真的做起来获得的经验直接。灵感不过是我们“顽强劳动而获得的奖赏”，只会坐在家里幻想，永远不可能成功。

千次心动不如一次行动

执行和拖延的差别就在一念之间，你的成功很可能开始于一次灵感背后的行动。没有执行力，有时候是因为迷茫。有想法却不知道自己要做什么，于是想法被搁置，你再一次与成功擦肩而过。

要是问问那些成功者，他们在最初创业时是怎么规划的？如何才能做到他们这么成功？可能你根本不会得到想要的答案，因为没有人知道面对全新未知的境况应该如何选择一条最正确的道路。但是他们知道，行动是找出这条道路的唯一办法。从这个角度来看，这世界上只有两种人：行动者和空想家。

空想家一般思维特别活跃，脑洞大开是他们的日常。他们善于言谈、想象力丰富，随便一个领域都能在他的计划中变得唾手可得。他们永远有一个大计划，并且早已对这个计划设想好了光明的未来，但却从未见他真正地行动起来。而那些行动中的人却从不过多言谈，因为他们可没有闲工夫和别人谈梦想、谈规划。

犹豫，一种折磨自己的好方法

犹豫也是阻碍我们行动的重要原因，因为缺少决断力，所以迟迟不能做出选择，从而产生拖延。而产生犹豫的原因多半有两种：什么都想要，什么都不愿放弃；不愿面对失败，不想承担选择的后果。

我曾经有一个朋友，是重度“选择困难症”。就连中午吃什么，都会犹豫半个小时，等别人吃完饭回来，发现她还在那里纠结。遇到什么问题，她都要找我讨论半天，跟我分析所有选择的优点、弊端和她的顾虑。一开始我很愿意帮助她，就算无法帮她做选择，但至少可以帮她理清思路，让她快点做出选择。后来次数多了，我也有点厌烦。因为我发现无论你怎么帮她分析，怎么鼓励她，她还是犹犹豫豫无法下定决心。后来我明白了，她其实心里早就有了答案，但是她害怕自己做出这个选择，她害怕自己的选择会带来不好的结果，所以她想告诉所有人，希望有人能替她做出选择，帮她承担事情的结果。

有多少机会是在犹豫中错过的，又有多少行动被犹豫打败。犹豫让自己纠结，让身边人痛苦，让拖延症从此伴随你左右，所以犹豫真的是一种折磨自己的好方法呢。

【抗拖方案】

1. 对结果抱有志在必得的决心

面对患得患失、做事畏手畏脚的心理障碍，最重要的就是下定决心，对自己自信一点，相信自己的能力，对即将要做的事情抱有志在必得的决心。

有“志”在，所以“必得”，不要自己吓唬自己，用一些莫须有的困难妨碍自己的行动。做计划时，只想着我要怎么做，而不要去想如果出了问题我要怎么做。一个“如果”的差别，体现的却是主动性的差别。“我要怎么做”是按照自己的意愿，主动出击，而“如果出了问题我要怎么做”却是被动的等着困难出现的心理。

2. 果断处理问题，别让事情悬而未决

处事果断是我们在工作、生活中都必须要有的能力。机会稍纵即逝，虽然雷厉风行难免会出错，但犹豫却让我们连犯错的机会都没有，至少犯错还是一种经验的积累呢。

如果我们平时真的遇到难以抉择的事情，不知道如何选择，如何行动，不如通过下面这个方法帮助自己：

面对两项或者多项选择，把他们列在纸上，然后找出所有自己做出决定时需要考虑的因素。把这些因素按照对自己的影响程度排序，然后看看每一个选项在这些因素中的表现，给这些选项打分。最后综合这些影响因素的重要程度和你的打分，得分最高者就是你的最佳选择。

把选择、纠结可视化，把他们分量化，也许能够帮助你做出选择。但是我们也一定要记住，这个选择是相对最优选择，而不一定是最正确的选择，关键还是靠行动。

3. 抓紧时间立即行动

给自己一个振奋精神的口号，是一种有效的心理暗示。很多时候我们困于自己的思想怪圈，被拖延束缚住了行动的步伐。这时我们就需要一个口号，它像提醒我们的一声号角，帮助我们克服恐惧，摆脱慌乱大胆向前。

不要觉得难为情，也不要觉得可笑，这是在给我们大脑释放信号。人有时难免陷进懒惰的惯性中，好久不奋斗，害怕自己没有了行动的能力。不要管那么多，能行动起来就是好的，不要做语言上的巨人行动中的矮子。现在！立刻！马上！行动起来！

【生活规划】用日程计划提醒自己

在工作时，我们经常感受到工作效率不够高，但却找不到任何原因。

“我并没有逃避工作，可以说每天我都在勤恳地上班，从没有上班时间摸鱼、玩乐。可是为什么，我的工作效率和那些喜欢偷懒的同事是一样的呢？”一个上班族曾这样对我说。

为什么会这样？我仔细询问了他，才发现一个非常重要的现象：

在他就职的公司，每天的工作任务不算繁重，可以说足以让他们在 8 小时工作时间内做完，不会给他们带来太大压力。这位勤恳的员工在上班时间一直在办公，但因为他知道自己绝对能够做完，所以在时间上没有什么紧迫感，完全随心去做，速度很慢。

而那些偷懒的同事则不同，他们虽然将一部分时间用在“开小差”上，但他们也知道完成任务的重要性，所以在工作的时候就格外注意时限，不断提高自己的效率，将任务压缩在了更短的时间内做完。因此，这样看他们的工作效率是一样的。

这位上班族的唯一问题，就是在工作时缺乏紧迫感。他没有对自己进行“多久完成工作”的硬性要求，做到哪里算哪里，这样就可能 4 个小时能做完的工作摊在了 8 个小时之中。在生活中，许多工作不那么忙碌的人都会犯这种错误，让工作的时间跨度变得非常大，效率自然不够高了。

所以，要解决你的拖延症，提高工作效率，完全可以在日程计划表上给你的每个日程安排都限定时间。

比如，当你决定今天要“背诵50个单词”时，不要只写“8：30开始，背诵50个单词”，而是要先估计自己这段工作需要的时间，然后写下完成时限，比如“8：30到9：30，背诵50个单词”，怎么样，这么一看是不是立刻有了紧迫感？

给你的日程一个完成的“截止时间”，能让你更有时间观念。与此同时，你还可以在你的办公桌上放置一个小型闹钟——记得，一定要是闹钟，不要用手表或者手机。手表和手机在你不主动去看的时候，是常常会被忽略的，但闹钟不同，只要放在桌上，抬头就能看到。经常盯着闹钟，你就会自觉地监督自己，对“时间”有更深刻的认识。

当你习惯了在这些时限内完成任务的时候，你就会发现自己的工作变得越来越高效了，因为你有意识地省掉了中间发呆、喝咖啡、聊天等各种不必要的事情，自己也在“逼迫”自己提速。

当然，你可能会说：“日程计划表中可能安排我在3小时内做完一件事，难道为了高效完成，我就要在3小时之中毫不停歇地做吗？”

当然不是，日程计划表只会安排我们在何时完成什么任务，并不是将我们生活、工作中的每一分钟都安排了，在这3小时之内，我们完全可以按照工作一段时间、休息一段时间的方法来做事，不然岂不是要把自己累瘫？

而这种方法，我推荐采用“25+5”的原则，即工作25分钟，休息5分钟。

这一原则就是著名的“番茄工作法”，根据研究，人们可能需要用较长的时间去完成一件事，但人并不是机器，在工作时难免会出现疲乏与排斥感，而“25+5”的安排是最适宜的，尤其是在长期伏案工作的时候。

如果你的任务只需要 1 小时就能完成，那么你可以一鼓作气将其做完。但超过这 1 小时，相信你一定会感到效率开始变低了，因为你的大脑和身体都需要休息了。此时，就不妨试试番茄工作法，既能够让自己得到充分的休息，又能避免在工作时被其他杂事打扰、影响效率。

番茄工作法也有一些特殊的原则，比如，25 分钟是一个番茄时间，当然，想要完整地做完“一个番茄”的工作，你需要花费 30 分钟，这就是一个周期。每个工作周期是不能拆开的，不存在做“半个番茄”“两个半番茄”这样的安排，一定要是整数倍，这样会方便你按时工作。

既然用番茄工作法要求自己，就要严格在工作时间内工作，绝不能在工作的 25 分钟里做与你的任务事项无关的事，否则你的安排就算失败了。当然，番茄工作法起到的只是监督效果，千万不要觉得“我一直按照番茄工作法做事，我就一定能做好”，这是两个不同的观念，同时，在工作之外的娱乐项目最好别用番茄工作法来限定，否则你一定会发现自己的兴致大大减少。

最后，将我们所讲的番茄工作法与你的日程计划表联系起来用，效果可能会更好。

每天先在日程计划表中列出任务，然后开始一件任务的时候，就用桌子上的闹钟设定一个时间范围（一般是以 25 分钟为一个周期，提醒一次），设定好后就投入工作。当你的闹钟响起时，这项任务的第一个番茄时间就过去了，然后进行活动、喝水等放松行为，如果任务还没完成就进入下一个番茄时间，重复设定闹钟……当任务完成后，将你日程计划中的这项任务划掉，还可以在后面标记一下实际上你使用了多少时间来完成它，以记录你的工作效率，看看是否在提高。

这样一来，你的工作肯定会比原来高效很多，拖延症自然迎刃而解了。

第五章

相信我，惰怠者是全职场的公敌

rastination procrastination procrastination procrastinati

拖延症还有个双胞胎，名字叫“懒惰”

有拖延症的朋友经常笑称自己患了“懒癌”，拖延症就是“懒癌”晚期的临床表现。虽说是打趣，但也不无道理。懒惰确实像癌细胞一样，只要有一个产生，就会迅速复制、分裂，很快遍及全身。初期，可能只是身体上的懒惰，干什么都四肢乏力，好像身体被掏空。后期可能会发展到思想上的懒惰，不愿动脑，不爱思考，去上班总觉得大脑忘在了家里。

就像癌症一样，懒惰不仅会扩散，还难以治愈。懒惰带来的舒适、放松让人欲罢不能，一旦尝到了懒惰的“甜头”，就会食髓知味难以自拔。总想着懒一会儿不是懒，懒一天也情有可原，再回首时一个月都过去了，当时没有做的事情，现在依然没有做。这时候懊恼、后悔全都来了，可浪费的时间去哪里找回？

一旦懒起来，没有任何底线可言。你肯定想不到，自己能有多懒，底线能有多低。因为懒惰，我们放慢了做事速度，因为速度降低，我们开始拖延。懒惰遇上拖延症，就像干柴遇到了烈火，轰轰烈烈烧毁你的生活。

小王最近挺郁闷的，因为女朋友正跟他闹分手。要说这原因，也挺简单，就是嫌弃王先生懒。小王挺委屈，这分手的原因听说过不相爱了，听说过不疼女朋友了，咋还能因为懒分手。

身边朋友一大堆，支招的、起哄的，说什么的都有。最后还是小王女友的姐姐说明白了原委。原来，嫌弃小王懒，实际上是不喜欢小王消极处世的态度，觉得小王不上进。

要说这小王，家庭条件不错，女朋友想买什么从来说一不二，就是自己的生活挺邋遢。家里从来都是乱七八糟的，要是谁去他家做客，一进门就得被满地的鞋子臭回去。每次等到女朋友来看他，他才会在前一晚紧急收拾出来能坐人的地方。当然女朋友在这里，情况也没有好转，别说收拾了，吃完饭叫刷个碗都得喊半天，永远是打完游戏再去。

每次看到女朋友不悦的表情，小王心里也挺愧疚。不是没想过痛改前非，把家里打扫得干干净净，下次女友再来也能开心。但因为自己懒，又看到已经“积压成疾”打扫不出来的屋子，他的拖延症就会再次跑出来。心里想着，这么浩大的“工程”，我玩一会儿就一鼓作气打扫完。结果当然是玩着玩着一天就过去了，玩着玩着一星期过去了，心里的愧疚也早已抛到脑后。

再说他这工作，没什么自己的职业规划，走一步看一步，升不升职一点不着急，下班回来还总嚷嚷累。小王的经理都说他：后面赶着都磨洋工，更别说让他主动干点什么了。

其实小王自己挣得并不多，生活上的开销还要靠父母。女朋友跟着他，年轻时玩玩闹闹，可以不考虑未来。现在两人年纪都大了，到了谈婚论嫁的年纪。父母渐渐老去，也不能照顾他一辈子。小王还是这副模样，难免叫人心急。

小王女友的担心不无道理，在年轻的时候就这么懒，在本该拼搏的年纪就安于享受，一点不思进取，等年纪再大一点，可能就成了混日子的“老油条”。小王女友说，她不怕过苦日子，不怕小王没有钱，怕的是一辈子过苦日子，没有一个向上走的未来。

年轻时就这么懒惰，更不要期望以后能更勤快了。为什么在父母身边的时候，我们常听到爸妈说："你怎么这么懒啊，什么都不干。"那是因为我们知道，即使我们什么都不做，也会有爸妈替我们做好这一切。所以我们懒得理所当然，懒得心安理得。

试问各位，您都多大了？还指望有人跟着你给你处理一切吗？因为懒惰，不想干活，就拖着不干。到头来，无论时间耽误多久，这工作还是你的，没有人会为你的拖延买单。不愿面对现实，一切靠拖延，甚至像小时候，用"要赖皮"的心理无视工作，回避生活，最终坑的还是自己。

【拖延症诊断】

当懒惰成为一种惯性，你只会越陷越深

罗兰曾说："懒惰是很奇怪的东西，它使你以为那是安逸、休息、福气，但实际上它所给你的是无聊、倦怠、消沉，它剥夺你对前途的希望，隔断你和别人之间的友情，使你心胸日渐狭窄，对人生也越来越怀疑。"

有时候懒惰并不能使我们快乐，反倒是一种煎熬。明知道有很多事情没做，但就是不想离开舒服的沙发。身体上的舒适，与内心的纠结斗争不停，但长期以来的懒散状态，让你没有力气摆脱懒惰。有时候甚至躺在床上玩无聊的单机游戏，都不愿意坐起来写一份报告。

当你出现这种情况时，一定要警醒，是不是陷在懒惰里出不来了？这种懒惰就像有惯性一样，越是用力摆脱，越是难以自拔，只会带来更大的精神负担。

而一旦放任懒惰成为生活的常态，我们的方方面面都会受影响，首当其冲就是工作。整个周末宅在家中，和自己柔软的沙发、大床来了一次亲密约会。看似歇了两天，当周一来临才发现，身体仿佛千斤重，精神好像也很涣散，整个人没有任何精气神。这就是将懒惰的惯性延伸到了工作中。偏偏周一是忙碌的，大量的工作袭来，很容易就产生拖延的心态。烦躁、焦虑，什么都不想做。

依赖他人也是一种懒惰

若你学生时代有一个学霸同学，这位同学又恰好是你哥们，那么估计你可以享福了。晚上写作业拖拖拉拉，该睡觉时作业写不完了？没事，明天早起来抄哥们的。当然了，除非你天资聪颖，无师自通。否则，享福的背后估计是一顿考试后爸妈的“混合双打”。

这也是懒惰，是一种拖延。这样的偷懒行为，有一就有二，很难克制自己，从而深深陷入对外界的依赖。在家靠父母，出门靠朋友，走到哪里都有人给你依靠。时间久了，自己的筋骨就会不知所踪，再没有“独立行走”的能力。怕是到最后，饭都懒得吃，需要别人喂。

“维持现状”是一种懒人思想

安于现状，哪怕这个现状并不那么安逸，也不愿意多一份努力去改善生活，这样的思想就是一种懒惰者的思想。因为想要维持现状所以拖延，所以不愿去做出改变。

这也是为什么很多拖延症患者痛斥自己“很难走出第一步”的原因，就是维持现状的心理在作祟。因为你不想从安逸稳定的环境中走出来，这样的环境让你精神放松，大脑不思考，身体不运动，说来说去，还是懒！

【“抗拖”方案】

别给“懒癌细胞”扩散的机会。就如本章开头谈到的一样，懒惰就像扩散迅速的癌细胞，有一个就会有一万个。所以从出现第一个懒癌细胞的那一刻起，就要狠狠杀死它。每当脑海中有想要偷懒、拖延的念头时，就要抓紧扼杀掉。

“我是不是可以晚点再做总结，距离例会还有好几天。”不要！当你想到晚点再做总结时，就已经是拖延产生的凶兆了，千万不要替自己做计划，未来好几天你一定还有别的工作要去完成。现在！立刻！马上！去做！

“反正我有心在周末收拾家务，早一天晚一天都一样。”不要！早一天晚一天不一样！别妄想自己的想法可以持续多久，这会儿你有心收拾家务，过会儿你可能就想出门逛街了。所以，现在！立刻！马上！去做！

不要依赖别人，没有人是你的退路。因为知道自己有路可退，所以对自己少了许多约束，放任自己懒下去。因为知道拖延不会出问题，总有人收拾残局，所以把责任都压在别人身上。聪明的人不会把赌注放在他人手里，既不保险，也失去了主动权。

小唐上大学时总喜欢和宿舍里的学霸一起自习，用他的话说，这叫有安全感。不懂的观念，侧侧头就能问；不会的题，扭扭脖子就能抄；稍微玩一会儿手机，拖沓些时间，也总有学霸在旁边赶进度。再到后来，小唐自习都懒得去了，反正舍友回来就有写好的作业等着抄。时间一长，他发现自己越来越傻，越来越不会学习。

还好小唐悬崖勒马，在懒惰的道路上及时止损。他为了改掉自己拖延的毛病，强迫自己在新的学期选满了选修课，先让自己从“在宿舍无所事事打游戏”的状态中抽身。满满的专业课，要求他必须当日事当日毕。每一门都有作业，如果稍有拖延，就会耽误后面的进度。接下来就是自习的习惯：现在的小唐去自习从来不带手机，别给自己找什么看时间的借口，学习的时候不需要看时间，到了饭点自动有同学起身离开；也再不会和舍友一起去了，有学霸在，他总控制不住自己想偷懒的心，所以干脆自己去。不会的题先自己想，空过去，回宿舍再统一请教同学。经过一学期的修正，小唐成绩果然有所提高，也戒掉了依赖别人的毛病。

有时候，外界的因素确实会对我们影响很大，若没有足够的意志力，很难摆脱对环境的依赖。所以，想要做出改变，就先从切断外界联系做起。依靠一定的强制因素，虽然是被动的改变，也会对打破惯性有帮助。

意志力是个好东西，希望你有。都说惰性是天生的，且容易形成习惯。对抗懒惰最好的利器就是我们的意志力。不要总说自己意志力薄弱，那是因为你没有有意识地锻炼！都知道迈出第一步很难，但是迈大步我们不会的话，小碎步也能到达目的地，意志力也可以一点一点练出来。

“卧室温暖的大床”与“书房泛着寒光的工作文件”之间仿佛隔着十万八千里，连孙悟空都不能一步到达。那怎么办？迈不出第一步，我们就挪出第一步啊，先从床上下来！再不行，我们蹭出一小步也比继续躺着不动要强呀，从床上坐起来，远离手机，让你和手机都清醒一下，不要去想工作，单纯地从所有情境与设想中抽离，给自己一个中立的状态。过一会儿，你就没那么抗拒，也不会再那么想拖延了。

每当遇到类似情况，坚持这样引导自己的情绪，慢慢地你会发现从舒适、安逸中脱离会越来越简单，投入工作也会越来越容易，状态来得特别快。

信任很难获得，失去却相当容易

在职场上，能力强弱会关乎你的发展前途，但惰怠与否不仅关乎你自己，还会影响到别人。所以，没有能力、缺乏人脉、没有资历……这些都不会断送你的职场生涯，但一旦变得懒惰懈怠，最终一定会成为全职场的“公敌”。

毕竟我们身在职场，总要跟其他人合作，如果你太过惰怠，很容易将事情搞砸，你的合作者必然不乐于见到这样的情况。所以，惰怠会让我们变得孤立无援，尤其难以获得他人的信任。信任本就是非常难得的东西，若是因为几次懒散、拖延而失去了，实在是太令人遗憾了。

公司新来的员工小王是个看起来八面玲珑、能力出众的人，虽然和其他新人一样都缺乏一定的职场经验，但他遇事沉稳不乱，职场社交妥当体面，总给人一种值得信任的感觉。

所以，部门的领导一开始是非常看好小王的，甚至私下多次讨论说，这孩子是“青出于蓝”，看起来日后必有大出息，很是想提拔他一番。一个年轻人进入公司，最迫切得到的不就是领导的肯定吗？在那些老员工眼里，小王这一步走得可是顺风顺水，梯子都搭好了，只要好好表现，以后的路绝对错不了。

小王似乎也没有辜负大家的期待。刚开始自己承担项目，他就自信地跟领导说："缩短期限绝对没问题，我一个月就能给您把东西都做好。"

要知道，这个项目一开始定的时限可是两个月，小王这一下就剩了一个月时间，领导当然很开心了。他还专门问了一句："你确定能做到？"

"当然，我相信我自己。"小王估算了一下自己的效率，觉得一个月都用不了，他就能把事情办得妥当。

于是，领导对小王给予了很大期待。而小王呢？因为对自身能力的信任，他并不着急开展工作，反而先拖了一段时间才开始。虽然他的确能力很强、效率不低，可是真正做起事情来，一个致命的缺点就暴露了——他总是爱犯懒。遇到困难的环节或者需要有耐心去磨合的东西，他总是显得很不耐烦，做不了几天就忍不住给自己"放个假"，所以虽然他的规划很好，最终还是没能按时完成工作。

最后，小王在两个月到期的关口完成了工作。按理说，他这也没有太晚，因为他还是在一开始规定的期限内完成了，领导也因此没有对他有什么微词，可是小王明显发现，领导对他的态度不如以前那么信任、期待了。

为什么会这样呢？是因为小王一开始夸下海口，却没有达成自己的目标，虽然最后也没有拖延期限，还是辜负了领导的信任。一个人的信任在职场上是很难获得的，尤其是对职场新人来说，要打造信任感是一个漫长、艰巨的过程，我们需要无数次努力、把每件事都做好才能赢得信任。所以，信任不能随意挥霍，更不能被惰怠所辜负。如果让别人因为你的懒惰而不再信任你，你的职场晋升之路也就到此结束了。

因为懒惰而产生拖延，是最要不得的。

【拖延症诊断】

为什么我们总是在职场上产生懒惰心态，继而想要拖延工作呢？哪怕明知道拖延了工作会导致其无法按期完成、会失去合作者的信任与上司的器重，骨子里的拖延症似乎也总在阻挠我们认真工作的脚步。这就是因为我们深受懒惰心态的困扰，已经很难依靠自己的毅力来纠正了。所以，明知道拖延是一件不好的事情，你还是在一直懒散地“拖”着。

职场上的懒散拖延心态，往往来源于下面几个想法：

1. 没有积极性，得过且过

在职场上，并非人人都是拼命上进的“积极分子”，总有一些人因为容易满足于现状或者觉得升职无望，有消极的得过且过心态。也许是不喜欢自己手中的工作，也许是完成工作的奖励不那么吸引人，在他们眼里，“完成”就可以了，至于完成得好不好压根不需要考虑。这样一来，面对不喜欢或者困难的工作时，他们就没有“一定要做好”的压力，经常因为厌烦而懒惰、拖延，不到最后的时刻绝对想不起来做好这些事。

2. 对自己的能力过于自信了

就像我们所说的小王一样，还有些人总是过于相信自己，觉得自己的能力可以达到一个较高水平，所以就放心大胆地让自己懒惰起来。然而事实上，他们可能从一个或多个方面高估了自己的能力，最终工作效率并没有自己想象得那么高。这就容易导致他们因为懒惰和拖延而使任务无法按时完成，而且在这个过程中，还容易引来合作者的不满和误会。

3. 万事开头难，总是抗拒“开始”

俗话说“万事开头难”，有时候并不是意味着开始的工作最难做，而是我们的心理很难迈出这一步。很多人在刚接触一项工作的时候，总是无法生出“开始”它的想法，就是因为他内心的懒惰和畏难情绪在作祟，所以抗拒开始一段工作。时间久了，这种心态就会让我们习惯于逃避，习惯于将事情拖延到最后一刻再去做，而且会逐渐失去对自己的正确认识与信心，变得越来越自卑和自我怀疑。

【“抗拖”方案】

针对职场上的懒惰习惯，我们必须要重拳出击，从意识到行为都打起精神来，务必将其击退于无形，如果你也有这样的困扰，不妨从下面几个方面入手：

1. 给自己设定底线——答应别人的一定要做到

不管是拖延与否，我们都应该有这样一个底线，那就是只要答应了别人，只要是我们承诺的内容，就一定要按时完成。这是很多拖延症者都无法做到的，但要注意，这也是直接关乎我们是否能获得他人信任的关键一步。

当你总是答应了别人却做不到，就必然会失去别人的信任和期待，在职场上，这也意味着人们不敢听信你的话，不敢将重要的任务交给你做，因为你不靠谱。如果这一切都只源于你的拖延与懒惰，那是不是有些太遗憾了？所以，也许你可以拖延，可以犯懒，但一定要有底线，绝对不可以跨过这个底线。

2. 用专门的工作计划约束自己

越是详细的工作计划，越能让我们产生机械性地服从，只要你能安排一个合理的计划并且去完成，做到这两点就可以远离工作上的懒惰和拖延。当然，这两点也是很难做到的，所以我们应该从计划的内容入手去注意几个方面。

首先就是计划必须要可行。一个不可行的工作计划会打消我们完成它的积极性，如果您一天只能做一个方案，却硬要给自己计划做五个，那显然是完成不了的，所以完成这个计划就没什么积极性，也就没什么约束力。

其次，计划最好要详细。越是详细，我们就越有去完成的冲动；越是详细，每个环节的工作就越小，看起来就越容易完成，心理上的抗拒就会减少很多。

最后，计划一定要尽量安排我们提前完成工作。拖延症和懒惰不是一天就能解决的，你不能保证自己一定按时完成计划，所以要在计划内就留出意外时间，尽量安排我们提前把事情完成。

3. 对自己进行一定的心理暗示

总有些人对心理暗示这东西“嗤之以鼻”，认为它着实不算什么有用的玩意，但还别说，心理暗示对改变一个人的工作态度来说非常实用。如果一个人长期让自己保持在积极的心理暗示状态，每天告诉自己“你很好”“你一定能做到”“你的约束力很强”，就多少会变得更积极、更自律一些。所以，越是担心自己做不到，我们就越要暗念“我们可以做到”，这样长期下来就会产生一种合理的暗示，让我们认同自己，并真正去做改变。

他们能把事情做到位，你能吗？

身在职场，我们必须面临一个残酷的现实，那就是即便同样的岗位，同样的工作放在不同人身上，他们的完成效果和效率也是不一样的。说是天赋也好，是能力也罢，是平台眼界有差异也可，总之，我们必须找到自己的工作节奏和工作方法，这样才能够完美地完成任务。

有很多职场的拖延症者，其实本来并没有这样的习惯，但就是因为过多的参考别人的工作方式，认为“他在短时间内能完成，我也能”，“他们都是这么干的，所以我也可以这样做”，所以最终导致自己的任务无法完成。须知，别人看似懒惰，也许是他们能将事情做到位，若你不能保证这一点，千万不要学着像他们一样放松自己，否则最终只能导致任务不断拖延，无法按时完成工作。

在隔壁办公室，小杨是一个非常喜欢抱怨的女孩，她总在不满，觉得同事排挤自己上司针对自己，并因此感到不公正。

“凭什么是一样的工作，小刘偶尔偷懒不做，经理就当作没看见，我要是一偷懒，经理就得训斥我，他明显是看我不顺眼。”小杨又在抱怨了，“而且最后完成的时候他还总对我的方案挑三拣四，我花的时间可比小刘多多了，怎么可能做得比他差，搞得我现在做的工作是最多的，但是获得的好处却是最少的。”

然而其他人听到了这样的话，却并没有露出同仇敌忾的表情，反而是暗地里挑了挑眉毛。等小杨走了，他们才告诉我：

“这个小杨啊，就是太喜欢跟别人比较了。你看她在这里攀比小刘，人家小刘能把事情都妥妥当当做好，时间怎么安排自然是他自己的事情，可小杨行吗？前面好几次任务她都没完成，还想着学小刘偷懒，经理可不得训斥她！”

原来小杨在工作的时候总是喜欢攀比别人，她不考虑自己的工作效率有没有别人高，不考虑自己的能力能不能达到他人的程度，就只盯着别人是不是在工作。一看到谁偷偷放松了一下，她就心想：他能休息，我也能休息。所以别看小杨的能力不咋地，偷懒休息的时间却是整个办公室排在前面的，这种消极的工作态度自然影响了她的任务完成情况。

像小杨这样喜欢攀比的人还有很多，他们总是把别人有没有工作看在眼里，丝毫不考虑一件事——人家再怎么样也能完成任务，而你呢？从本质上讲，他们其实是内心的不平衡感在作祟，是懒惰的欲望在作祟，所以最终总是屈服于自身的负面想法，导致任务无法按时完成。

【拖延症诊断】

在职场上，之所以会出现这样的懒惰者，除了他们本身不够勤奋，很容易受到懒惰想法支配的原因之外，还有下面几个因素的影响：

首先，他们对自身的能力和效率认识不足。这些懒惰者总是将自己的工作与其他有能力有效率的同事来比较，他们认为别人花了这样的时间可以做成，那么自己也不会很差，所以当看到其他人休息的时候也忍不住犯了懒惰的心思，丝毫不考虑放在自己这里能否顺利完成任务。归根究底，他们还是没有认识到自己的能力和效率，还没有达到别人的水平，所以他人能做到的，自己未必能做到。对自身能力和效率的高估，就让他们产生了错误的认识，最终被懒惰和拖延所支配。

其次，他们的工作态度有问题，在工作当中的攀比情况过于严重，一个真正自律高效的职场人士应该是永远在约束自己的，即便周围的人都做得一塌糊涂，一直在偷懒、拖延，他们也能通过严格的自律行为保证自己的工作能顺利完成，这样的人才能保持高效率。如果你总在和别人攀比，那么必然不能成为当前环境下效率最高、工作能力最强的人；如果你总拿自己的长处比较别人的短处，那么你的工作只会越做越差。对有些职场人士而言，能力和效率他们已经不具备了，勤奋就是唯一可以弥补的品质，还要用勤奋与否来跟别人比较，甚至因为内心的不平衡感而影响自己工作的专注性，这就只能说是一种悲哀了。

另外，还有一些职场人士可能并非有意识地在与他人比较，也没有什么不平衡的心态，但他们总习惯模仿和参考别人的工作方式，以成功人士的方式来安排自己的工作，这种不适合的工作安排也会让他们产生拖延。有的人习惯短时间的高效工作，他们可能一天要休息十个小时以上，但是只需要四个小时的高度专注就可以将重要的任务完成；而有些人则习惯将任务安排到每天的不同时段，你可能看到他总是工作一会儿就休息一会儿，那一天的绝大多数时间都在办公室，这两种方式显然是不同的，但他们却适应于不同的人群，所以我们在寻找自己的工作方式时，一定要注意自身需求和习惯，千万不要总是参考别人，这样很容易给我们的拖延找到借口，让我们变得懒惰。

【“抗拖”方案】

要解决在职场上的这种拖延问题，防止我们因为总在跟别人攀比而产生不平衡感，最终导致偷懒而拖延，可以从以下几个方面入手：

1. 我们应该对自己的效率有一个清晰的认识，不要过于高估

有些人之所以在工作上产生拖延的情况，就是因为他们参考了工作高效的同事制订的计划，认为对方能够在短时间内完成，所以自己也可以。事实上这样的误读绝对会造成不良后果，它会让我们屈服于懒惰的欲望，哪怕你的内心明白，自己很可能无法像同事一样按时完成工作，也会不断在内心劝说、引诱自己。所以对自身的工作效率有一个明确的认识非常重要，我们可以专门测试一下，自己可以在多久的时间周期内完成某项工作，有了这样的效率作为参考，在做计划做决定的时候也会变得理智很多，防止我们因为过于高估自己的工作效率而做出不适当的判断。

2. 了解自己的工作习惯，制订适合的计划

每个人的工作习惯都是不一样的，假如你测试了自己在巅峰时段的工作效率，并按此来制订计划，就很有可能出现无法按时完成的情况，很简单，因为你无法在长时间内保持巅峰状态，有些人工作的时候可能看似效率不高，但他能长期保持这样的状态；还有的人则是爆发型选手，状态好的时候效率极高，但这样的状态却无法维持很久。这些都是不同的工作习惯，如果你无法了解自己的工作习惯，就不能做出贴切的计划。

3. 保持独立，不要总是好奇别人是怎么做的

在工作上，我们的不平衡感和对自身的错误判断往往来源

于对他人的好奇，因为对别人好奇，所以总在关注别人是怎么做事的，这样，当你发现别人的效率比自己高、工作起来似乎比自己轻松时就很容易产生不平衡感，并错误地认为自己也可以像他们一样显得更轻松一些。事实证明，在工作时我们更需要有一个独立的环境，不要总是去好奇别人，专注于自身，可以让我们更好地约束自己的行为，防止出现懒惰而拖延的情况。

4. 不要借鉴别人的计划，不要管他人是否拖延

工作计划应该是完全按照自己的习惯去制订的，别人的工作计划再好，那也只是适应了他们的习惯，我们拿过来直接用未必就能起到良好的效果，所以不要借鉴别人的工作计划，根据自己的情况去制订一个是最好的选择。同样，我们的工作需要保持独立性，所以即便是他人拖延了，我们也不能因此放纵自己，该怎么做还是要怎么做。

职业倦怠感：一种突如其来的忧郁

职业倦怠感，也是导致拖延症的一种情况，很多时候人们甚至将职业倦怠症单独列为一种症状，当你开始无缘无故地表现出容易疲惫、效率降低、习惯拖延等症状时，很不幸，你有可能就被职业倦怠感所缠绕了。

这种突如其来的忧郁，简直将我们在职场上面临的所有负面情绪都放大到了极致，让人每天都觉得上班是一件令人生无可恋的事情，在这样巨大的排斥和压抑之下，又怎么能采取积极高效的工作态度去面临我们即将完成的任务呢？所以拖延症

与懒惰也就顺理成章地出现了。相比于其他问题，职业倦怠感所造成的危害显然是更多方面的，不过因此而造成的拖延症也是最容易解决的——只要击退不合时宜的倦怠，你就能很快恢复到以往的高效状态中。

林经理一直都觉得，自己在职场上绝对算是一个风风火火、不拖泥带水的果断人，甚至在重要决定前的犹豫时间都不会超过半小时，拖延症这样的问题更是不会出现在他身上。但是现在他却开始怀疑自己的认知了——为什么最近他开始越来越多地拖延工作了呢？

这样的问题似乎最早出现在他刚成为片区经理的时候，这是一次他期待已久的升迁。在升职之前，林经理无数次地告诉自己，要以更加积极的态度和高效的工作方式去处理问题，要让自己的能力在这个职位上得到进一步的提升。然而，真正接触到了片区经理的工作，他却发现其中的压力实在是不足为外人道。长期巨大的工作压力和繁重的工作任务一下子压在林经理身上，他很快感受到了不适应，总是能积极面对工作的心态也被负面情绪所改变，不到一个月，林经理就对自己手中的工作产生了厌烦情绪。

因为厌烦和排斥，让他在工作时总是提不起精神来，一想到要完成手头的任务就头疼，所以只好一拖再拖，这样持续了将近两个月，他突然发现——自己好像已经习惯拖延了。

“难道我也被拖延症所困扰了吗？”林经理觉得事情似乎并非那么简单，因为在心理上的拖延与疲倦之余，他的身体好像也渐渐适应不了如此繁重的工作，开始常常感到疲乏劳累起来。

林经理的情况，就是典型的职业倦怠症而拖延，只是职业倦怠症的一种表现而已。当他被职业倦怠感所困扰时，心理上的负面情绪会加快自己拖延工作的步伐，身体也会受到倦怠感的影响，导致很容易没精神，感到疲劳。这样一来，简单的拖延症表现出了更加复杂的状态，所以我们在分析的时候就需要从职业倦怠感上入手，进行更加慎重的讨论。

【拖延症诊断】

当我们长期处在职场重压的状态下，因为重复的工作和繁重的压力，很容易产生一种极端的排斥反应，这就是我们所说的职业倦怠感。这种倦怠感仿佛来自于内心深处，不仅让我们的情感变得消极，而且面对工作的态度也会越来越差，甚至直接体现在行为和身体上。当你开始从心到身的排斥工作时就会发现拖延症只不过是其中最简单的表现方式罢了。所以职业倦怠感的危害可见一斑，一旦不注意会断送我们的职业生涯。

从几个职场的重要方面去分析，我们可以提前窥知自己到底有没有产生职业倦怠感：

1. 你认为你现在的工作压力太大了

当你觉得你当前的工作压力太大，工作任务太重时，不管事实是否如此，都意味着你开始被工作当中的负面情绪所支配。有时的确是因为我们的工作过于繁重而导致我们产生这样的想法，还有的时候则是因为我们内心对工作的排斥，渲染了负面情绪，让我们觉得自己压力太大，不管是前者还是后者，这两种情况都很容易导致我们产生倦怠感，继而更加排斥当前的工作。所以当务之急就是一定要解决工作压力，学会让自己变得更加轻松。

2. 你觉得自己对工作失去了控制权

我们对自身的工作都应该有一定的控制权，这样才会有安全感和积极性。当你觉得无法按照自己的想法去工作，在很多事情上与他人有争议并受到他人的控制时，就很容易产生无奈无力的感觉，最终产生倦怠感。想象一下，假如你的上司总是与你持不同意见，总是反驳你的想法，对你的工作多加干涉，你是不是也会觉得这样的工作毫无意思呢？当你产生后面的想法时，倦怠感就随之而来了。

3. 你觉得自己获得的报酬和工作量不匹配

这个理由很简单，你觉得自己干得多，拿得却少，自然会产生不平衡，继而失去工作的积极性。很多时候对薪资不满意的人，之所以会选择跳槽或者是消极工作，就是因为他们对当前的状况产生倦怠感了，觉得自己的能力被低估、自己的工作没有得到应有的待遇，自然积极不起来。

4. 你跟周围的环境格格不入，与上司和同事的关系也一般

虽然进入职场之后，我们更多的是关注工作当中的事情，但是与人之间的交流交往也非常影响我们的积极性，当你觉得自己无法融入办公室环境，无法认同周围人的世界观时，就会产生一种被排斥的无力感，这也容易让我们产生倦怠，尤其是我们无法与上司或同事相处得很好，或者关系平平或者产生冲突，都会间接影响到我们的工作态度，让我们无法专心沉入到任务当中。

【“抗拖”方案】

即便产生职业倦怠感，我们也不能对自己的工作轻言放弃，

但是这种来自于精神和身体上的疲倦却又是真实存在的，如何改善这种多方面的疲劳，让自己始终以积极的饱满的精神去面对工作呢？

你可以通过精神上的暗示来改变现状，继而击退工作倦怠感，改变当前的拖延情况。对有职业倦怠感的人来说，他们觉得很累或者压力大，未必是真的很累，有时候是心理上无法获得认同，无法有足够的成就感，所以失去了积极性，导致自己觉得很累。这样，只要我们学会调整心态，从精神上对自己进行鼓舞，就一样可以改善行为上的拖延，让自己不再倦怠。

1. 遇到问题，行动永远是第一位的

想的越多就拖延得越久，当我们在行动之前总是习惯考虑太多时，就会很容易受到倦怠感的影响，被负面情绪困扰一次次推迟行动的计划，所以在遇到问题时先把行动放在第一位，不管去做什么，只要让自己动起来，就能更加积极。要真正从根本上解决问题，就必须要有行动力，时刻问自己可以做什么，积极与上司或同事进行沟通，坚持下去，你就会发现倦怠感自然而然消退了。

2. 多关注好的一面，用积极的态度去思考问题

我们的观念应该及时调整，始终保持乐观和积极是最重要的，尤其是在当你明确感觉到自己被消极情绪困扰的时候。越积极，我们就越主动，越主动就越能避免拖延。

3. 学会表达自己的消极情绪，抒发和管理心情

情绪，对一个人工作的态度影响是很大的，当你情绪不佳时，就很容易拖延手中的工作，一次次抗拒工作。所以改善情绪的能力对一个职场工作者来说也非常重要，我们可以寻找朋友，抒发自己的情绪，也可以通过简单地放松，比如听歌、瑜

伽、郊游等，让自己的情绪变得积极起来。不要认为这些行为是在浪费时间，一次短暂的放松和情绪管理可以让你以更加饱满的精神投入到工作中去。

4. 寻找工作的新寄托，给工作一个新定义

很多人之所以产生职业倦怠感，就是因为觉得自己做的事情是毫无意义的，对自己的职业产生了怀疑，所以他们才失去了继续做下去的动力。既然这样，我们就应该在工作当中寻找一个新的寄托给我们的工作赋予价值和意义，明白自己想要追求什么，知道自己现在在做什么，这样可以直接改变我们的消极状况。如果你觉得自己的工作与追求毫不相关，也许换一个工作不失为一种好的解决办法。

最傻的就是把力气用在抱怨上

我们都知道，抱怨是一个令人负面信息爆棚的词汇，在生活中谁要是将精力都用在抱怨别人、抱怨生活上，就意味着他是一个失败的人，不能调节自己的情绪，不能正确地面对现实，不能用积极的态度来对待当前的工作。然而令人可惜的是，拖延症者最容易被抱怨的情绪所困扰，他们将所有的力气都用在了抱怨上，将所有的精力都放在负面情绪上，让自己越来越拖延，最终跟“积极”二字绝缘。

当你真正摆脱拖延症的时候，才会发现把精力用在抱怨上，其实是一件最傻的事情。

菲菲作为一个资深的拖延症者，口头禅之一是“我怎么这

么倒霉”，不管遇到什么事，她首先看到的永远是相对负面的那一部分。在学生时代，当负责任的教授布置了比较多的作业时，菲菲就开始抱怨：“我的天啊，这么多作业谁能写得完？反正考试也就那么回事儿，就不能糊弄一下吗！”她想到的不是老师们想让自己学到更多东西，而是首先对当前的学习产生了不满。当她把这样抱怨的话说出口时，内心就给了自己这样一个暗示：对啊，既然你不想写，那干脆就不写了！所以每当她有抱怨的情绪，总是会将手头的事情一推再推。

进入职场后，菲菲这个习惯也依旧没有改变。如果领导因为器重她的能力多给她一些工作，菲菲就忍不住抱怨说：“别人的活也不见得有这么多，怎么就我一个人这么忙？”一想到这，她就一点工作的热情都没有了，整个人疲惫地瘫坐在椅子上，只想把手头的工作放一放。但是如果她最近没有什么工作时又会抱怨：“最近我的事儿太少了，看来有我没我都一样。”于是她索性什么也不做了。

菲菲的这种抱怨不仅影响了她自己的工作心情，也会影响周围人的工作态度，每天都听她在办公室里长吁短叹，永远都在抱怨一些负面的东西，大家也被弄得心浮气躁。时间久了，经理发现了这一情况，当机立断就将菲菲辞退了。

一个总在职场上给别人带来负能量的人，不仅会影响自己的工作状态，也会成为一个环境当中的拖延发射器，将拖延症传染给周围意志不坚定的人，所以我们不仅要让自己学会不抱怨，学会多去看工作当中积极的一面，还要学会不要轻易被别人的语言态度所影响，这样才能让自己远离职场拖延症。

【拖延症诊断】

其实习惯抱怨和拖延的人，往往是因为他们对压力的承受能力不强，他们对自己的能力不够信任，担心遇到失败，所以就将其转化为负面情绪并发泄出来。虽然这一切的根由都来源于他们的不自信，但潜意识里他们不愿意承认自己的能力不足，所以只好将问题都归咎于外物，归咎于“工作量太大”“工作环境不好”等理由，并且试图让别人也认同自己的看法，所以他们会将这些问题一次又一次地提出，成为一种抱怨。

然而，这样的抱怨并不能让他们打消内心的不自信，相反会加重他们对于失败的恐惧，所以他们更担心自己的能力不足会因此展露出来，就只好一次次地选择拖延。而这样，如果事情最终没有做好，他们也不会从自己身上找原因，而是将其推给一开始就找好的借口，这样他们自身就不会承担压力和责任了。

所以归根究底抱怨来源于我们的自我推脱，是因为我们不想承担相应的责任，所以才会去抱怨别人，抱怨外物。同时，当我们开始抱怨的时候，就意味着我们产生畏难情绪了，我们潜意识里觉得自己做不到了，所以就会轻易地引发拖延。

习惯于抱怨的人，特点总是非常明显，他们抱怨别人、抱怨同事、抱怨上司、抱怨公司的气氛不好、抱怨自己的薪酬不高，但是唯独不会从自己身上找原因。但他们仅仅是抱怨影响自己工作的因素时，意味着他们想要为自己的错误开脱，意味着他们不想承认自己失败的原因是能力不足；当他们开始抱怨别人，抱怨自己的搭档，甚至是一些跟自己的工作毫无关联的人时，这意味着他们想通过别人的错误与失败来映衬自己，抬高自己，让自己显得更好一些。不管从哪个方面看这些想法都是错误的，抱怨者好像成为了环境当中最厉害最不会犯错的人，他们敏锐地抓住周围人的一切错漏，便予以攻击，把失败的帽子扣在其他人头上，却唯独忘记了，这其中还有自己。

如果长期沉浸在抱怨的情绪当中，我们将要面对的后果是非常恶劣的。首先，一个抱怨的人很容易误伤周围的同伴，因为他们不仅仅会抱怨自己身边的事，还会抱怨身边的人，当他不断伤害别人时，人际关系必然变得十分糟糕。

其次，习惯于抱怨会让我们也习惯了在工作上变得不积极，变得拖延。因为抱怨来源于不自信，所以一旦出现能力以外的事情，我们就会下意识去避免和推脱，时间久了，工作就变得拖拖拉拉，总是难以完成。

除此之外，抱怨者还容易变得独断专行，无法听取别人的意见。因为不断在抱怨周围的人或事，不断下意识地贬低他人，让我们对自身的能力判断有了失误，所以在做决定或者合作的时候，我们往往会显得过于独断，做出错误决定的几率也就大大提高了。

【“抗拖”方案】

既然你已经知道抱怨和拖延症对生活造成了困扰，就不要大意，将它赶走吧！只是动动嘴是不行的，我们还需要通过实际行动来解决拖延症。

1. 可以运用心理暗示的方法抵抗拖延症

心理暗示的作用是十分巨大的，抱怨本身就是一种负面的心理暗示，所以我们要对抗抱怨可以通过正面心理暗示的方式。

如果是积极的暗示，可以稳定我们的情绪，可以树立自信，并更正确地认识到自己的能力。缺乏自信的拖延症者正需要这种积极的暗示，通过积极暗示，我们可以消除对未知的畏难情绪，抱怨自然而然地就减少了。

所以当你感到工作千头万绪，让自己忍不住想要吐槽时，可以不断告诉自己“只要理清前后顺序，很快就能将事情做完”，“工作其实并没有那么多，安排好很快就解决了”，“抱怨也是要做，不抱怨也是要做，为什么不开心一点呢”……这些心理暗示可以帮助我们走出负面情绪。

2. 将自己最近最常抱怨的几件事写下来，仔细去分析

很多时候，我们的抱怨往往来源于一种习惯，其实并没有什么值得我们抱怨的内容，但是我们已经习惯了通过这种方式来表达自己的烦躁。当你沉静下来仔细思考时，会发现自己之前的抱怨都是毫无理由的，大多数人都不会生起这种念头，回头去思考一下自己都抱怨了什么，他们只是单纯的将其当作一种情绪发泄。但他们没有想到这种情绪发泄最终会带来十分严重的负面影响，甚至直接导致自己的拖延。

所以，我们应该学会审视自己，将自己最常抱怨的几件事写下来，看一看到底是自身的问题还是我们所抱怨的理由。如果抱怨的理由是并不存在的，那就意味着我们的抱怨并不成立。一般情况下，当你意识到这一点的时候，下一次都会有意识地避免。

3. 向可靠的朋友发泄自己想抱怨的情绪

跟什么样的人抱怨，将直接影响到我们最终的情绪。当你选择跟一个负面情绪爆棚的人抱怨自己生活当中的不如意，他只会附和并加重你的负面情绪，对你排解不良情绪并没有什么

好的作用，反而会让双方都陷入到拖延和抱怨的困境当中。但是假如你向一个有积极观点的人抱怨，在抒发完负面情绪之后，他会给你非常良好的积极的反馈，让你从这种负面情绪当中挣脱出来，最终以更好的态度去面对工作和生活。

显而易见，我们需要寻找后者这样的倾听者，一个支持你并且情绪积极的朋友，可以让你的烦恼与抱怨消失无踪。

【自我检测】看看你到底有多懒

一个人的懒惰体现在多个方面，而拖延只是其中的一个表现而已。归根究底懒惰来源于我们在生活或工作上的不思进取，因为缺乏积极向上的心态，所以才放着应该做的事不去做，一味去追求轻松。当你有这样的心态，就很容易出现拖延症。

这种懒惰的心理到底是如何来的呢？你我又是否算是懒惰呢？我们可以从下面几个方面自我拷问一下，看看自己到底有没有懒惰心理。

1. 你认为自己出现精神疲劳的反应了吗？

当我们长时间进行重复的劳作，过久地将精力放在类似的事情上，都很容易产生厌倦感，这就是精神疲劳。其实一个人的生活当然不可能是千篇一律的，我们每天都会面临不同的事情和或多或少的变化，但人类迟钝的感官神经可能并不能意识到这其中的差别，所以我们很容易因为不够精彩的日常工作或生活产生精神疲劳。

2. 你有没有“明日复明日”的想法呢？

一个懒惰者往往都习惯将今天的工作推到明天，所以他们深受这种思维的困扰，明明知道当天的事情就应该在当天完成，但还是期待着明天再去做，并因此为自己赢得心安理得的偷懒机会。而这种情况最容易导致拖延症，因为我们总想着还有明天，所以总爱将事情拖到之后再做。

3. 该做的事情你是否就是不做？

在意识上我们知道有些事情是该做的，但行动可能跟不上。明明知道是必须要做的紧急事项还是慢悠悠一拖再拖，这样的心态不仅来源于拖延症，更多来源于我们自己的懒惰。

4. 是不是永远远离积极和主动？

主动性可以说是区分一个人是否懒惰的重要标志，如果你具备工作的主动性，就说明你还没有那么懒。当然，如果你细数过去的工作，发现自己从来都没有积极主动地去做过一件事，就意味着你很有可能早就被懒惰所困扰了，只是还没发现而已。

5. 你是不是习惯于依赖别人？

产生依赖感的人更容易变得懒惰，因为他们已经习惯了别人替自己将一切事情都做好，替自己分担压力与责任，所以在面临问题的时候更容易退缩，更容易让自己做出轻松的选择。当我们习惯于依赖别人，就失去了自己独立工作的能力。

第六章

来，列个计划跟拖延说“再见”

rastination procrastination procrastination procrastinati

没有计划的人生，不拖延才怪

做计划这件事说起来特别简单，街上随便拉来一个小学生都能告诉你：找张纸，做个表，划分时间，填进任务，轻松搞定！

甚至你还要骄傲地说，我可是经常做计划：今天要做的工作是什么，大体有几项，在下班之前完成就好；这件事情我大概需要分三部分完成，具体问题执行的时候再解决。

快停下吧各位，这可不是做计划，这只能算是口头规划！

这里我们又要讲一句老话了：凡事预则立，不预则废。咱们不论是报废、荒废、残废还是颓废，只要您不做个计划，就随便上手，这事儿啊一定得“废”。

做事情如果没有一个好的计划，预先没有准备与安排，注定会在执行过程中出差错，白费些力气就不提了，更加悲剧的是直接导致事情的失败。一想到花费好多力气都做不成一件事……唉，宝宝心里苦，但宝宝不说。

我的侄女儿最近突然特别奋进，无论是学习还是工作，都很有动力的样子。前几天有机会和小姑娘聊天，才知道她有了一个新“偶像”，是她高中时期的班长，实现了自己的梦想。小姑娘这是被班长的励志故事激励，特别兴奋地讲给我听，话语中全是对班长的崇拜。

我们就叫她的班长小 K 吧。用侄女儿的话说，他们班长从高中起就是人生赢家。身材高挑、样貌清秀、家境优越，学习自然也是不用说了。小 K 同学完全没有被自己的附加属性耽误，依然认真学习，特别刻苦。她的朋友们都知道，小 K 的梦想是学习传媒专业。

高考时 K 同学意外落榜，没有考上最好的传媒类大学，但她仍不想放弃自己的梦想，去了一个普普通通的传媒大学。

再一次听到 K 同学的消息，就是前几天，她被国内某家知名影视公司录用了。看到 K 同学的状态，同学们都很吃惊，娱乐圈、影视行业对这些孩子来说是特别遥远的存在，班长是怎么做到的？这也太厉害了吧！

侄女儿与 K 同学交往不深，两人倒是有一个共同的朋友，看到这样的消息，小侄女赶紧跑去问了这个朋友，想要取取经，从此也走上人生赢家的道路。

小 K 的朋友说，她上大学那会儿，迷上了这家影视公司出品的电视剧，大部分“迷妹”的套路，都是喜欢剧中的演员，我们的班长大人却是迷上了电视剧的导演。这个导演有多部口碑质量俱佳的影视作品，因其团队的专业、精良著称。小 K 于是有了加入导演团队的目标。

为了这个目标，K 同学为自己列出了一份计划清单：想要加入导演的团队，就要有公司的支持，为了能进入导演所在的公司，我需要漂亮的履历、出众的能力和丰富的经历。想要丰富的经历我需要有更高的平台给我机会，想要更高的平台我需要通过考研提升自己，想要出众的能力我需要从现在就开始锻炼。于是她参加学校里的各种活动，只要与专业有关，只要能学到东西，她都会坚持。大三开始她定下了考研计划。大学毕业后，小 K 如愿进入香港的大学深造。研究生期间借由大学的平台，她参加了许多与影视、传媒有关的比赛、展会、青年计划，一切能对她进公司有帮助的项目，她都列入计划，认真执行。

她从定下目标的那一天开始，所做的一切事情，都是为了实现自己的梦想。有目标很容易，有计划并坚持执行很难。最终，她的热爱，她坚持了这么多年的计划，终于将她送到了梦想面前，见到了她想见的人。

没有计划的人生是盲目的，就像闭着眼走在不知终点的小路，容易跑偏还挺危险。不知道下一步要做什么，所以徘徊，所以拖延；不知道如何高效、快速地完成任务，所以困惑，所以拖延；不知道怎么才能实现梦想，所以迷茫，所以拖延。

【拖延症诊断】

无计划就等于低效

面对那些复杂难解又棘手的事情，我们总是很难鼓起勇气面对。因为没有一个可行的实施计划，所以不知从何下手，于是一直拖延下去。

没有计划，做任何事情都会处于一种无序的状态，没有方向性自然也就缺少执行力。而执行力恰恰是效率的保证，就像蒙着眼睛开车，谁敢一脚就踩下油门呢。

很多人行动之前不屑于做计划，总是很随意凭着冲动，想到什么做什么，他们认为有做计划的功夫还不如早点开始。简单的、熟练的事情固然如此，若是遇见全新的、未知的事情，遇见庞大的、繁杂的问题，计划的优势就显而易见了。制订周密且详细的计划，是保证执行力，保证做事效率的前提与保证。

做计划不只是对时间的规划，更是让心里对这件事有了全面且基础地认知。这样在执行过程中有任何问题，有偏离计划的情况出现，我们也可以及时把握，修正事情的偏离。

人生无计划，如何能成功

面对未来的人生，我们有时也会迷茫。该怎么做，该做什么，未来想要成为一个什么样的人？因为没有目标，没有对人生的规划，所以没有动力，日子过得随性又散漫。

有人说，每天叫醒我的不是闹钟，而是梦想。这就是人生计划的力量。因为目标明确，因为对自己的人生有详细的计划，所以他们知道自己要的是什么，知道自己每一天要做的是什么。

有些人从未规划过自己的人生，永远是顺其自然，随遇而安。每天看似忙忙碌碌，却从未为自己忙碌，为目标忙碌。若是被人问起，竟答不上来自己为何而忙，做出了什么成绩。

勤劳、汗水确实是成功所必需的条件，但成功需要的努力还包括实现过程中的方式方法和效率。成功是有时效性的，做事拖延永远不可能成功。如果没有长久的计划，就没有好的方法，自然也没有效率，成功也就无从谈起了。

【“抗拖”方案】

学做计划，先从一件小事开始

计划好眼前的，才有资格展望未来。如果连身边一件简单的工作都计划不好，又何谈蓝图，何谈未来呢？

很多人从前没有做计划的习惯，做什么事都是边走边看，问题出现才想起解决，分歧出现才知道决断。想要学会制订计划，我们可以先从身边已经经历过的事情开始，利用已有经验，练习对待事物怎么预判、怎么提前分析问题，怎么做好准备。

举一个具体的例子：某次，你参加公司举办活动的筹备工作。因为自己没有任何计划，招待客人用的饮食、现场灯光的安排、与会嘉宾的座次，一切一切都是遇到问题才想起解决，最终活动期间依然有很多疏漏。

虽然事情不怎么顺利，但你至少了解到活动举办的全部流程、要求及可能出现的问题。所以下一次再遇到类似的工作，你就可以通过订计划把工作做得更加完美。把必须要做的事情列出，规划好时间，把可能出现的问题也列举周全，并提前准备好应对措施。这样再行动，各项工作自然会流畅，出现问题也不会慌乱无措而耽误时间，拖延现象也就可以减少甚至避免了。

养成做计划的习惯，为人生也做好计划

学会如何从经验教训中制订计划，下一步就是养成做计划的习惯了。其实只要你体会过计划带来的高效、有序、合理的做事方法，自然也会爱上做计划。谁不想让自己的工作顺畅又快速地完成呢。

成功是可以策划的，人生也是需要规划的。如果没有计划意识，一个人对于自己内心的渴望是无法完全掌握的，对于欲望的感知也一定是模糊的，在混沌的状态下，他走的每一步都是不坚定的，都是迟疑的。不妨从这一刻开始，认真审视自己的内心，确定自己想要的到底什么。以这个目标作为终点，从将来至现在，从未来的每一年到每一月到眼前的每一天，再到现在自己做的每一件事，将计划做好，把自己每一点努力都填进计划，一步一步坚定地迈向成功。

那个，你的目标是不是有点太高了?

还记得年少时的梦吗?

当科学家、宇航员、亿万富翁……每个小小的孩子心中都曾有过大大的梦想。那时的我们单纯又简单，以为伸出手就能摘下星星送给妈妈。

现在的你在做什么呢?

可能真的有人成为了科学家，也真的有人成为大富翁，但我们中的大多数，还是这人群中普普通通的亿分之一。

也许你依然壮志未酬又雄心未泯，还在追梦的途中苦苦坚持。朋友，我们敬佩你的决心、你的勇气，但不要忘了：仰望星空，更要脚踏实地。

有时候我们对自己抱有太高的期待，设立了一些不切实际的目标，当自己做不到时就会黯然、气馁，自信心备受打击，从而失去做事的热情。正是这一次一次地失败，我们从心底对自己产生了怀疑：我可以吗？因为这些迟疑、犹豫，我们不再勇往直前。逃避挑战，做事拖延，一蹶不振。

对于有些拖延症患者，失败后的颓废成了他们的“心魔”。就像蜗牛背着重重的壳，往后的每一步都举步维艰，做什么都会想起自己的失败，再也不敢设立什么目标。

光光最近换了份新工作，在某食品公司做销售推广工作。他觉得自己很幸运，能够顺利来到这里，做自己喜欢的市场营销，想到这里就干劲十足。入职后的第一个月，他就给自己订了目标，做好计划：每天拜访五位客户，月末销售额评比进入前五。

理想很丰满，现实很骨感。真正投入到工作，他才明白销售的不容易。为了见客户，等待两三个小时都不是等。与客户谈项目，说不上三句就被赶出办公室也是常有。第一周结束，他走访的客户倒是不少，但愿意见他，并且听他讲话的客户只有三人，更不要说谈成业务。

说不失望肯定是假的，还好光光天性乐观，他把这局面归结为新手的试炼，只要坚持跑业务，总有能打动客户的时候。

第二周，光光每天更早地起床，接触更多的客户，去单位追，去食堂堵，甚至客户出差他都要跑去当司机。虽然没有完成每天拜访五个客户的要求，但至少这周有6个人愿意见他了。光光特别开心，虽然离目标还是很远，总归是看到了希望。

不过第三周过去，月末马上来临，光光却笑不出来了。他每天都在东奔西跑，尽可能多地拜访客户，可到了现在，只有一笔业务谈成，销售额度也并不乐观。果然月末评比，光光在全部门倒数第一。

虽然作为新员工，经理没有过分责备，光光自己却被打击得不行，明明自己这一个月一点没有停歇，怎么成绩这么差。一盆凉水兜头浇下，光光彻底蔫儿了。是不是自己入错了行？销售行业真的适合我吗？要不要趁着试用期没到直接走人，刚开始都做不好，以后可怎么办。

第二个月，光光依然坚持自己的目标没有放松，兢兢业业起早贪黑。到了月末，业绩终于从倒数第一，升到了倒数第二。仅剩的一点点期冀也没有了，光光直接去了经理办公室，想要辞职。

经理知道后特别诧异，好好的刚入职，怎么要走呢。听了光光的理由，经理简直哭笑不得："光光，你这目标也定得太高了吧，完全不切实际。入职培训你怎么听的？一天拜访五个客户？开什么国际玩笑。这客户都是要长期追踪的，咬定几个人就要锲而不舍地拜访。别说一天跑五个，就是五天搞定一个都是幸运的了。"经理看着光光，挺聪明一小伙子，干活跑业务也勤快，怎么就是眼高手低呢，"别说这才刚两个月，就是你再干半年，我也不指望你业绩进入前五。客户群是需要长期培养的，你这刚入行的新人，面对从未开拓的市场，业绩不是你的主要任务。铺开关系网络，推广产品理念才是你的目标。"这下子轮到光光惊讶了，自己第二个月开始各种颓废，一直是在咬牙坚持，无数次产生了想要放弃的念头，没想到事情竟是这样。

就像故事里的光光，没有一个切实可行的计划，任何人都无法取得成功。有计划、有目标固然是好的，但在制订计划的过程中，一定要把"可行性"作为首要考虑的因素，不止自己的情况、还有真实社会情况和任务本身的情况，综合考虑这些因素认真分析比较，只有这样才能告别失败、告别沮丧、告别拖延症，得到执行力。

【拖延症诊断】

有追求，有目标的人谁不渴望成功呢，但不合理的计划，与自己实际能力不符的目标反而会阻碍我们通向成功。

制订一个适合自己的计划，设定一个自己力所能及的目标，往往能起到事半功倍的效果。一个合理的目标，可以最大程度激发自己的潜能；一个合理的目标可以减轻压力与急躁，能够在实现的过程中更加有自信；一个合理的计划，可以使成功变得触手可及而不是遥遥无期。

制订目标不考虑自己的实际能力

有些拖延症患者总是把“自己没能力”挂在嘴边，认为做什么都做不好。谁要是鼓励他，还会遭到强烈的反驳：“我连某件事都没做好，怎么可能做好这件事呢！”

“没能力”这个说法实在太过笼统，什么是没能力？你是事事没能力，还是做某件事没能力？是你自己的能力不够，还是压根儿这件事就不在你的能力范围内？可能曾经你也试图拼搏过，努力过，但是你失败了，你退缩了。

现在再去回想，你那些追求过的目标是不是有些太高了。可能你真的不是那种聪明绝顶的人，学不来那天高精尖的知识，却总想与学霸并肩，做不到这样，你却连最基本的知识都不想再学；可能你真的体格不够强壮，做不到跑完全场马拉松，做不到这样，你就连日常的跑步锻炼都不想进行；可能你反应不够灵活，在单位从不是最先提出方案的那个人，做不到这样，你甚至再也不想设计任何方案。

不考虑自己的实际，过分要求自己的成绩，做不到就心安理得地堕落、拖延。好像这个失败从此成了拖延的借口，反正我能力不够。

制订目标不考虑社会的实际情况

实际社会从来不会有想象中的那么单纯，如果制订计划、设立目标时不考虑社会实际，无论这个计划多么华丽，无论这个目标多么诱人，也只能是镜花水月空欢喜一场，没有任何实际意义。到头来白费了功夫、耽误了时间，拖延了本该进行的工作。

例如作为市场营销活动的重要环节，市场调研是每个企业开展业务前必须要进行的工作。了解社会实际，确定实际社会环境，才能制订战略，做出决策。

永远是计划跟随问题实际调整，目标根据现实实际去设立。有些人在制订计划时不愿亲身去了解，仅凭猜测想象，甚至是听他人天花乱坠地描述就做出了决定，虽然苦心孤诣准备好几年，却没有取得预期的成效，这证明他们的计划中一定缺少“可行性”这个重要的因素。

【“抗拖”方案】

承认自己“做不到”不代表自己不行

有些人设立过高的目标并非是不了解自己的能力，而是好面子、逞强。不能“丢面子”的心思让他们从不轻易承认自己做不到，宁愿事后返工，出了问题找借口搪塞也不能让人“看轻”。殊不知他们“死要面子活受罪的样子”人人都看得到。

因为好面子而设立自己根本完不成的目标，实际执行时问题不断，也完不成任务，还常常要麻烦别人善后。这种幼稚的做法，真的是害人害己，拖延浪费时间。

承认自己“做不到”其实一点也不丢人，又不是人人都像哪吒，上天入地无所不能。反而对自己能力有清醒的认识，对待目标有谦逊的态度的人更容易成功。你做不到这件事，达不到这个程度，不代表你样样不行。先做到自己所能做到的最大程度，再一点一点累积，总有一天，你曾经够不到的地方也会轻而易举到达。

仰望星空，也要脚踏实地

梦想的力量特别重要，计划是帮助我们通往梦想的有效途径。但是不切实际的梦想，不考虑可行性的计划，就是在走入歧途、浪费时间，导致拖延。

“两耳不闻窗外事，一心只读圣贤书”其实也可以理解为对外界真实环境不管不顾，只凭自己的意念去做事，是不是与那些脱离实际、好高骛远的人挺像的？

有些人在工作中总是不考虑现实可能性，给自己定下许多宏伟的目标。一旦达不到，就怨天尤人，感叹自己命运多舛从此一蹶不振，好像成不了亿万富翁，现在的工作、挣得的钱就一文不值。

快从飘着的天上回来吧朋友们，仰望星空打开了眼界，但脚踏实地才是现实啊。无论是工作计划还是年度计划，甚至包括我们对人生的计划，在设立目标时请认真思考，从实际出发，不要幻想，不要太自我感觉良好，对这个社会也请认真考虑实际。永远要围绕“可行性”规划你的目标，制订计划时也要借鉴相关经验，切忌盲从，只有抱着求真务实的心态，一步一步去实现去提高，才能获得成功。

做一份切实可行的计划，先从了解自己的能力开始

有时候做计划，我们总是容易处于一种想当然的状态。以为自己一天能背 100 个单词，于是计划 15 天背完一整本英文单词，结果执行起来根本完成不了。最后因为背单词耽误进度，耽误了自己后续的学习计划。

如果不知道自己到底是什么水平什么能力，那就先试一试自己的能力吧。把计划安排推后一天，第一天先做做看，知道自己一天到底能记住几个单词再去安排计划，既合理又避免拖延。

工作中更是如此，不要在心中对自己期望过高，这样会在

完不成计划时格外懊恼，而这样的懊恼是完全没有意义的。能力不是靠想出来而是练出来的，留心自己的工作效率，对自己的能力有个客观的认识，每次制订计划，先将最重要的事放在第一位去做，再根据自己的情况安排其他工作。既保证重要的事情不拖延，也可以合理搭配时间，做到办公效率最大化。

在你的计划表里规划每一分钟

日常生活中，我们总会遇见那么几个“不靠谱的人”，做什么事情都迷迷糊糊，做事从来没有准头，随性极了。

学生时期，班上有几个学生经常上课迟到，被老师揪着耳朵在走廊里罚站，自己一点都不羞愧，还笑嘻嘻冲班里同学做鬼脸；工作以后，等待对方发送邮件，经常是不催促不发送，一定会超过约定时间，让你不得不跟着推迟工作；与身边的朋友聚会，总会有几个迟到分子，让所有人等着，进门先罚酒成了他们的固定环节……

大家身边是不是也总有这种人呢，遇到他们，我们往往束手无策。他们并非完全没有时间观念，但总是要拖个几分钟，叫你气也不是，不气也不是，无奈得很。

我就有个朋友，因为爱迟到在我们的朋友圈中出名，还特别有技术地把迟到控制在十几分钟以内。有一次被大家批评狠了，还说出了“小拖怡情，大拖伤身”的“名言”，在朋友中广为流传。

对于这种拖延症群体，我们要坚决地说一句：“不约！”在他们的计划里，从没有一个明确的时间规定自己的工作与生活，一般都是“差不多几点”“几点左右”“大概几分钟”。就是因为这几分钟的拖延，可能不会影响事情大局，所以他们不以为然。

赵小姐是个好姑娘，她工作努力、生活积极向上，就是这性格有点迷糊，特别磨叽，为此她没少吃亏。

早上出门前，穿衣服、洗漱、吃早饭，哪一天都得出点娄子。不是衣服错了，就是化妆品找不到，隔天又会把碗摔碎一个。虽然上班走路就能到，为了赶上打卡时间，这种忙乱的早晨时常让她没命地往公司跑。工作中赵小姐倒是很认真，基本不会出错。但是因为自己做事慢吞吞，给客户发资料时经常会错过规定时间，被客户打电话追着要。

周六，又被老板骂了一通的赵小姐心情郁闷，约了好朋友出门散心，约定中午十二点商场门口见，赵小姐果然又迟到了。差 5 分钟 12 点，朋友接到赵小姐电话：“对不起啊萌萌，我可能要迟到五分钟了，我早晨在家清洁卫生呢，真没想到那个花了这么久，出门有点晚了一定要等我哦。”朋友很无奈，不迟到 5 分钟就不是她认识的小赵了。这大事不含糊，小事太迷糊的性格什么时候能改啊。

“没想到它会花去我这么久的时间”，“本来以为这件事一上午可以做完的，没想到拖了几分钟”这样的情况屡次出现在赵小姐的生活中，我们很多人也像赵小姐一样，计划好的事情经常因为订的计划不合适、出现意外而被打乱。

明明我们已经是个有计划，有执行力的人，为什么总无法把事情做到完美？那是因为我们的计划还缺乏细致，做计划是要精确到每一分钟的。

【拖延症诊断】

拖延，无论拖的时间长短，只要未按照规定时间完成计划，就属于拖延。生活中很多朋友并未意识到自己有拖延症，使得这种做事含糊的习惯一直存在。就差了几分钟看似不影响大局，但对于长久计划，每一次的“小拖延”最终会累积成无法追赶的“大拖延”。

1. 这件工作大概要几点完成就好

一个“大概”直接将工作的时间轴向两边拉长了一大截，没有精确时间大脑就接收不到明确的指令。做事情的时候总是想着“大概几点完成就好，慢慢来不用着急”，心里没有紧张感没有压力，自然就会做事慢吞吞造成拖延。

大部分工作可能并没有要求我们明确时间来完成，所以我们也就没有习惯对每一件事都计划得那么精确。只有遇到事情多，需要一件接一件无缝隙对接高效率工作的时候，我们才会慌乱，才会悔恨，懊恼自己为什么没有时间计划精确的习惯。

因为每一件事情都计划模糊，边界不清，所以多件碰到一起我们就慌了手脚，因为上一任务的拖延而耽误下一任务，一环一环全都被打乱。

2. 我也没想到，事情会花去我这么久的时间

认真工作的人，都希望自己能够按时、保质完成任务。但因为缺乏对计划的有效管理，我们总是顾此失彼。举一个很简单的例子：你知道自己下午三点开会，但你不知道自己上午做报告具体要多久，心里只有个模糊的观念，于是整个上午，你安排了很多其他的事情在里面。结果乱七八糟的事情占据你太多时间，报告没有按时写完，为了赶上下午的会议，只能舍弃

午饭时间赶报告。

所以我们常常会听到这样的辩解，“我也没想到会花这么久的时间。”但工作怎么能随便推卸责任呢，“没想到”也是错误，计划表做得不到位就是问题的关键。

3. 才拖了几分钟，不影响结果

有些人为自己的拖延症辩解，表示拖几分钟不算拖。请把这话对着火车司机说一遍，看看他会不会等你？

列车时刻表是最能体现计划精确性的例子了，每一趟列车什么时候到站都要精确到每一分钟，而我们也常常会看到这样的新闻：因为某一趟列车的故障，造成其他全部线上列车延误。这样的后果，也很直观地体现了我们工作时拖延的后果。

一事拖，事事拖，不把计划精确到每一分钟，只会造成时间浪费和工作混乱。

【“抗拖”方案】

计划表切忌笼统，精确到每分钟做个抓住时间的人

做计划容易，做好计划难。一个成功的计划不但能帮我们提高工作效率，更应该帮助我们理清工作思路，合理利用工作中的每一分钟。

不规定每项工作的时间，只是笼统地罗列，这份计划表就无法起到规划时间督促工作进度的作用。如果每件事都是大概的时间，做事随意性大，变动多，那么这一天的工作很可能拖延，甚至压根儿完不成计划的最后一项，这一天就过去了。

大家在做计划时，不要只是把一段时间内的工作按顺序罗列，还要把每项工作预计花费的时间、每项工作预计开始的时

间都计算清楚。有时候我们不能清楚地估计出某件工作具体花费的时间，但我们应该知道截止期限，所以以每项工作的截止期限作为精确的时间节点，做到心中有数，督促自己高效率做事不要拖延。

充裕的时间也不该被随意浪费

当工作不那么紧急，时间比较宽裕时，我们可能会放松对自己的要求，高效状态下两小时就能完成的工作，拖了一上午才做完。虽然对工作本身没有影响，却因为我们的拖延，浪费了大量时间。

所以我们在做计划时，不要给自己留下过多的空白时间，有了这些空白就像做事有了“缓冲地带”，本来没必要拖延的工作也要拖延很久才做完。如果是一天的计划，尽量把时间排满，主动让自己处于适度的“忙碌状态”，不要做一会儿歇一会儿，找不到工作状态。

指令明确，分秒必争

我们的大脑就像一个指挥部，各个分管身体机能的神经中枢听从中央系统发出的指令，去执行各自的任务。没有明确的时间，大脑无法发出最明确的指令，身体各“部门”处于一脸蒙圈的状态，当然做不好事容易拖延。给大家举一个非常简单但很形象的例子：

回想我们高考时老师对学生的要求，整张卷子每道题要用多少时间完成都是明确规定的，甚至每做一个填空都要以秒计时。在这样的要求下做卷子，大家心中才有紧迫感，不会在某道题上花费特别多的时间，耽误后面的答题时间。

所以想要做好工作，在职场中有优秀的表现，我们可以参考考试做题的计划方式，把自己的计划表做得尽可能详细，甚至精确到秒。每一处小时间都不要放过，甚至是休息的时间，也要好好计划，以避免放松过头耽误了工作。坚持足够精益求精的态度，自然也会带给我们足够满意的结果。

劳逸结合懂不懂？简单放松可以让效率更高

俗话说，劳逸结合“疗效好”。咱们前面说了这么多要努力奋斗，要抓紧一切时间的话题，都是针对某些懒惰的小伙伴的。有些朋友，人家可是真的拼命做事，从不停歇的。这些小伙伴们，也要注意了，可不要过度操劳，适当放松是为了更好的工作。就像琴弦，太松发不出声音，太紧容易绷断，只有适度的松紧才能演奏出美妙的乐曲。

听说在西方流传着这样一个故事：从前有个小镇，有一天镇子上迎来了一家马戏团。他们在当地发出了布告：招募临时工，工作三小时有外场票作为报酬，工作五小时可以获得内场票，工作到演出开始前，可以坐在第一排观看表演。有一对镇上的兄弟，他们从没离开过镇子也从没有看过马戏，对马戏充满了好奇，于是他们接下了干活一整天的任务。从早到晚，两兄弟忙前忙后，一点都没有停歇，即使疲惫不堪，看演出的信念也在一直支撑着他们。终于演出开始，兄弟俩坐上了第一排的位置。终于可以放松地看演出了，可紧张过后疲惫也呼啸着袭来，兄弟两个根本没有看完整场，便在观众的欢呼声中沉沉睡去。

故事很简单，道理也简单，却不是所有人都愿意接受的。拼尽力气去观看一场华丽的马戏，就像人生，总想去追求一些求而不得的目标。在前进的道路上不知疲倦，不记得停下来歇歇脚再上路，最终只会累垮自己，反而弄丢了原本的目标。

小恺的工作还有一个月就要转正，为了能留在现在这家公司，小恺最近特别拼，就想好好表现，通过实习期考核。

每天她都需要早早起床，精心搭配衣服，画好精致的妆容再出门，就怕形象不够干净在领导心中扣分。早饭是没时间在家吃的，一般都是在地铁上解决。

到了公司小恺也基本不会耽搁，立刻打开电脑，查看通知，安排一天的工作。从早到晚，小恺只有午休时会匆匆吃过饭小憩一会，其他时间连茶水间都很少去。因为她担心自己清闲的样子被领导看到，留下不积极的印象。正巧最近她的组接了大项目，加班是常事，即使没有自己的工作，小恺每次也会主动留下帮同事分担，绝对是最晚走的几个人。

回到家小恺也不敢放松，为了保持良好的英语水平，她需要经常背单词、练口语。每天不到 12 点绝不休息。

两周以后她开始头晕，脑袋经常昏昏沉沉的。面容憔悴，看起来一点都没有精神。工作效率也被身体影响，好像总是难以集中精力，做事很不顺畅。小恺特别紧张，为了保持状态，她大量喝咖啡提神，没什么效果，还让她恶心、心慌。就在前几天，还做错了事被领导批评。小恺沮丧又无力，这马上到考核期限了，无论怎么努力自己还是这样的表现，转正的事估计是要完蛋了。

能不能及时完成工作，不出现拖延，关键看效率。而工作效率是与我们身体状态有很大关系的。小恺这样拼命，神经过度紧张，身体也缺少必要的休息，首先受影响的肯定是精神状态，紧接着就会影响到工作状态，进而影响工作效率。而没有一个好的心态，只知道一味拼命的她，出现状况后还没有意识到问题的关键，依然过度透支自己，陷入恶性循环。

【拖延症诊断】

科学研究表明，个体的意志力与自我控制有关。劳累、不知疲倦的工作属于自我控制过度，如果没有适时的休息就会造成意志力下降。紧跟意志力下降的就是对自我控制的下降，从而出现任务完成的效率、质量降低。也就是说，意志力与自我控制力相互影响。

简单点说，我们靠意志力驱动自己工作，而过度劳累会让大脑疲惫，意志力资源枯竭。也就是我们常说的："脑子转不动了。"这种情况下，如果不及时休息，大脑无法得到恢复，就不能更好地操控身体去工作。因为大脑已经无法有效感知、判断，甚至有专家表示，个体的智力也会在此时受到影响。

所以结论也就显而易见了：过度压榨自己，让身体长期处于过劳状态，不但效率下降，错误频频，还会变笨。大脑表示很委屈：不是我不想好好工作，实在是被你们榨干了啊！

不给自己喘息的机会，一味地埋头苦干，只会得到漏洞百出的工作结果，反倒要花大量时间去弥补，效率下降更是影响速度，这些状况的出现，不也是一种拖延的表现吗？

【"抗拖"方案】

劳逸结合可不止嘴上说说

身处职场的我们大多压力很大，有的人在压力中消沉，有的人被压力“奴役”，变成了工作狂。害怕被超越，想要更快实现自己的梦想，都会让我们拼命前行，忘记怎么喘息。

不是感觉不到累，不是所有人都“身体倍儿棒，吃嘛嘛香”，谁都会疲惫也会痛苦。可有些人越是处于这样的状态，越不敢停下。这么努力才获得的成就，会不会在稍微放松时就被取代，被超越。所以他们在硬撑，嘴上说着“忙过这一阵我就休息”，身体却早已透支。

一定要知道，休息不是停滞，休息是为了更好的向前。并且“休息”不只是补充睡眠这么简单。精神的、心灵的休息也必不可少。

记得每天给自己一个合理的计划安排，短暂的放松有助于保持高效的工作状态。最好每周也安排一整段的空白时间给自己，不去想工作压力、不去在意生活的烦恼，这段时间内只有自己，完全由心支配，做自己真正喜欢的事，给心灵来一次放空。

有质量的放松很有必要

放松的方式也有很多，有些人只知道听音乐、运动、打游戏。甚至那些不喜欢音乐和运动的朋友都不知道做点什么放松自己。

跟着菜谱学一道从没做过的美食、与好久不见的朋友联系，甚至在下班结束的夜晚不要着急回家，在安静的街头走一走也是不错的选择。把生活过得精致一些，不要每天睁眼工作，闭眼睡觉，这样的人生有何意义，赚来的钱都没处花。

我们总是谈论工作学习的意义是什么，有人爱财就会拼命工作，有人爱自由，工作是为了将来去看看诗与远方。无论选择是什么，都要记得停下来，审视自己，不要忘记生活最本质的意义。

思考=犹豫：完成计划不需要大脑

我们经常强调思考的重要性，要带着大脑去工作，才能“聪明”地开展自己的工作。但有些时候，思考也可能产生一些负面影响，这时还不如暂时抛弃你的大脑。

比如在决定完成一项计划时，拖延症患者的思考往往会让他们做出“拖一拖”的决定。如果不假思索地去做，他们反而会很顺利地开展工作，击退拖延症，但一旦开始犹豫、思考，他们就会不自觉地去寻找可以让自己推迟工作的理由，给自己拖延的行为开脱。这种情况下，思考就成为了犹豫的代名词，我们完全可以抛弃他。

小凯就是个非常谨慎的人，在做任何事情之前都需要慎重地想了又想。之所以会这样，是因为小凯比较缺乏自信心，对自己做出的决定没有底气，总担心出问题、导致不良后果，所以他特别胆怯、忐忑，自然就变得谨小慎微了。这样的性格在完成工作任务时，甚至显得很优柔寡断、拖拖拉拉。

比如前阵子，我将一个任务交给了小凯和一个小姑娘一起完成，没多久，姑娘就找上门来跟我告状：“我再也不跟小凯一个组了，他真是太磨叽了。”

我问为什么，小姑娘告诉我：“小凯做什么事都瞻前顾后，在决定行动之前光是做选择、做决定的犹豫时间就够我完成两遍了。有些可能担责任、有风险的决定，他只要想一想就绝对会放弃，可是我们不去担责任怎么能顺利开展工作？”

所以，小凯的内心其实是有些抗拒承担责任和风险的，每一次思考都加重了这种暗示，让他不断倾向于“放弃”或者“推迟”行动，但这样就打乱了最开始的计划，导致任务迟迟没有进展。实在没办法，他的搭档最后还是崩溃了。

像小凯这样的情况实在是不少，有些人的思考可以让他们更果决，但对于拖延症者来说，他们本身具备的就是拖延的思维，所以思考过程只会加重他们的拖延，不能带来什么正面影响。

尤其是在完成一个已经制订好的计划时，我们不需要再进行思考，考虑这个计划这样安排对不对、先做这个好不好这些问题，我们只要带着行动力直接去做就行了。此时，千万别带着你的脑子，越是思考越容易改变计划，一旦改变计划，你就很难克制自己的拖延欲望了。

【拖延症诊断】

在工作之前明明已经做好了计划，为什么最后却总是犹豫并改变？明明可以直接动手做的事情，为什么还要考虑其他因素？在完成计划的过程中，总是东想西想似乎并不能给我们带来积极影响，反而会打乱我们的步伐，这就是因为“拖延症思维”在作祟。

有拖延症的人，一般思维方式也偏向“拖延”，面对一个难题，他们首先想的绝对不是立刻去解决，而是“先放一放”；当需要冒险时，他们绝对不是“试一试”，而是决定观望一番。因为有这样的思维，想得越多，行为就越拖拉，所以我们才建议这样的拖延症患者干脆抛弃“大脑”，直接去做，不要思考。

首先，思考会让我们改变已经做好的方案。当你已经做好了一个成熟的计划，并且确定它没有问题，就千万不要去想“改变计划”的可行性，这很容易让你把原本的任务安排改得面目全非。当你开始改动第一次时，计划的强制性就在减弱，我们就可以因为种种欲望而更改第二次、第三次，这其中拖延症绝对会影响到我们，让我们不断推迟任务、不断更改计划。所以，最好的办法就是压根不改，也不去想“能不能改”或者“怎么改”。

其次，思考会让我们考虑太多，甚至产生畏难心态。俗话说“初生牛犊不怕虎”，正是因为初生牛犊见识少，所以才不会考虑那么多，不会瞻前顾后，才能在老虎面前与之一较高下。当我们开始思考时，就是内心在暗示自己——“这个任务有点问题”。到底是什么问题呢？肯定是因为它有点难或者我们比较抗拒，所以才不能干脆地动手去做，而是要“思考”。越是考虑很多，我们就越容易受到外界因素干扰，甚至觉得任务难到无法完成，这种心态直接导致拖延症爆发。

最后，思考太多还会让我们受到各种杂事困扰，无法分清轻重缓急。当我们想得越多，就越觉得任何一项任务都很重要，都应该快点做，但一个人的能力是有限的，只有专注于一件事才能做好，所以给不同任务排序成了一个难题。当你已经做好计划时，就决定了任务的先后顺序，再去思考只会让我们备受困扰，继续在“轻重缓急”当中做选择，不仅徒添困扰，而且降低了效率。

所以，当你已经有了计划，千万别去思考了，抓紧时间去做，这才是硬道理。

【抗“拖”方案】

在工作中，你是不是常常因为瞻前顾后的犹豫而浪费时间？打一个电话不过三分钟而已，但决定要不要打这件事就可以花费我们半小时；一项任务完成也许只需要两天，但这期间不断考虑各种问题就能让我们将期限拉长到半个月。这样的拖延只会让自己心情更不好、更加烦躁焦虑，而焦虑会让我们的思维更加烦乱、更容易陷入到负面的思考当中。所以，提高执行力，你可以先拒绝“思考”二字。

要不假思索地去做一件事，前提是你先制订好了详细的计划。只有有了明确的计划，我们才有前进的方向，才可以不去思考就完成它。这个计划需要指明目标，而且目标一定要可行，虚无缥缈的目标只会让我们丧失热情与行动力，看着就实现不了，又怎么有动力去做？而计划的过程也应该具体，每个步骤要怎么做、何时做，都应该点明，这样我们才能抛弃大脑，直接靠行动完成。

做计划的过程可以说是最重要的，因为后续你将尽量减少思考，所以最开始的计划就一定要完备、要正确，这样才能起到正确的指导作用。

抛弃思考，就是让我们克服畏难情绪，学会接受计划当中不完美的内容。很多时候，我们的拖延症往往来源于内心深处的恐惧，因为觉得任务太难太重，所以对将来的工作有恐惧，我们就会找借口拖延。当我们不去思考的时候，就不会勾起那些恐惧感，只看当下的工作，反而更容易前进。其实，有些困难本身并不严酷，就是因为我们不断思考、不断想象，让它显得非常恐怖。当你真正去做的时候，才发现也不过如此。

而思考的另一个负面反应，就是让我们想到计划当中不完美的地方，并因此犹豫纠结。其实，完美的计划和工作是不存在的，我们总会受到各种条件所限，无法给出一个完美方案。此时，如果过于追究细节、总在思考小毛病，就会让我们“因小失大”，无法按时完成重要的部分，所以不如不去想，只去做就好了。

思考会让你犹豫，所以放弃思考和犹豫，才能远离拖延。

最后，我们在制订计划的时候一定要根据事情的轻重缓急，对其进行较为合理的安排，这样可以减少实施过程中的焦虑与犹豫。考虑先完成哪个任务，这是一个非常占用时间与精力的事，而且很容易让我们摇摆不决，无法专心完成手中的工作。所以，不如提前对事情进行合理安排，这样才能在后续过程中集中精神去处理问题，防止在无谓的地方纠结。

【时间课堂】有效的时间整理术

学会整理时间，可以让我们的工作更高效、拖延情况更不容易出现。列清单就是一个非常有效的时间整理术，让我们对接下来要做的事了然于心，自然更有动力去做。

“列任务清单”这个词，相信不少人都会认为，这是日程安排的另一种说法，事实却并非如此。日程安排着眼于不同事项，而任务清单则是针对某一个事项进行的。比如我们要做一个规模比较大的调研，调研自身就是一件事，但这件事任务量庞大、耗时长，让人觉得无处着手，此时就容易产生畏难情绪和拖延欲望。但是，列一个针对调研的任务清单，就可以让我们快速地安排好时间去解决每个小问题，最终将这件事做好。

任务清单将一个大任务分成了许多小部分，把每个部分的时间都规划好了，自然看起来更有条理、更容易完成。

比如会议前的资料准备、调研，针对会议内容的讨论构思、PPT 制作，以及会议进行时的流程安排，都是我们围绕“开会”这件事所做的清单。如此一来，笔记本上一个笼统的事项就被划分成了各个小任务，通过细化处理，我们就更能明确自己要做什么、该怎么做。

不信，光听“开会”这个词，你是不是以为自己只要拿着笔记本和笔按时参加就好、完全没想到还有这么多内容？

这就是任务清单的意义，它能把让我们无处着手的“大事”变成一件件可以完成的“小事”。

如果我们不去做一个任务清单的话，仅看日程笔记上简单的记录，很难做到把事情按时安排好，一旦出现拖延或者无法完成的情况，就会成为工作中的“坏账”，这样的“坏账”积攒多了，自然就不得不加班了。

所以，细化我们的每个日程，将工作记录在笔记上，把细节安排好是很重要的。同样，任务清单中的小任务需要完成，同样也得花费时间，所以我们可以做一个临时的日程，将它记录下来。

还是以“开会”作为例子，先将开会的准备工作写在随身笔记上进行思考、修改，然后最终确定“开会任务清单”到底有哪些任务。如果结果是我们所说的那四项，那首先要做的就是预估它们分别要花费多长时间，然后加在一起。

这一结果就是“开会”所要耗费的总体时间了，我们预计其为 16 个小时。16 个小时的工作量，显然不能在一天做完，所以日程计划中“开会”这一项虽然只出现在某一天，但在之前的几日内都需要花费时间去准备、整理。

此时，我们需要将这16个小时的安排写进开会前几日的日程计划中吗？不必，因为“开会”的清单安排是很灵活的，没有规定一定要在哪天完成，属于“见缝插针”去做的事。但同样，16个小时不短，不能完全体现在日程表里，所以我们就要用到——便利贴。

可以先安排自己抽出四天的时间去完成清单，每天花费4小时即可。然后，取四张便利贴，在每张便利贴上写“4小时”，先把它们粘在我们预计的日程内，这样我们就知道在日程安排时留下四小时了。

而真到了那一天时，我们可能因为临时安排、突发状况等，不得不改变自己的计划。此时就可以先替换掉这些完成周期长、不要求一定在当日做完的任务。我们就可以将便利贴撕下来，选择另一个合适的日期粘上，然后写下新的日程计划。

这样一来，就不必多次修改了。这种便利贴可以用在各种周期较长、规模较大的任务上，只要是可以灵活安排的、属于清单内列出而日程里没有的任务，都可以选择使用便利贴表示。当然，不同任务换用不同颜色的便利贴，会让我们更清楚。

当清单任务完成后，就对照笔记本上记录的内容、完成情况，将便利贴撕下来。这样一来既不会让我们的日程表太繁杂、任务安排太死板，也不会造成我们忘记完成清单任务的窘况，可谓两全其美。

这样安排时间、解决拖延症的小技巧，你学会了吗？

第七章

执行力等于一切，有了它再不怕拖延

crastination procrastination procrastination procrastinati

什么是执行力：别等了，快去做！

在多数时候，阻碍我们实施日程计划的最大克星不是别人，正是我们自己。“拖延症”三个字几乎是困扰所有人的问题，相信不管你的执行力有多强，总会有那么一刻想要偷懒、被拖延症所折磨。

所以，执行力能够顺利发挥出来的第一个前提就是，我们不去等待，立刻去做。

小 M 是个缺乏执行力的人，因为他性格过于谨慎，任何时候都习惯于“三思而后行”，而思考并没有给他带来积极的作用，反而让他的拖延症有了“犯病”的机会。

比如前不久，小 M 刚联系到一个客户，准备签下一笔大单子。客户表示：“你什么时候有空呢？我今天下午就可以签约，或者等到下个月 1 号。”

虽然客户给了小 M 两个选择，但大多数搞业务的人都清楚，大家当然会选择靠前的那个日期——只要不把合同签下来，就很有可能出现变动，拖得越久越容易出问题。小 M 虽然也这么想，但是他一想到自己下午还要开会，两边跑实在太累了，心里那点犹豫就浮了出来，最后跟客户说：“那就下个月 1 号吧，我正好再准备一下合同，绝对不出一点问题。”

表面上是他想有更多时间提供一个更稳妥的方案，但小 M

自己清楚，这不过是拖延的一种借口罢了，归根结底还是他在做决定的时候倾向于更晚一点执行。最终，他的考虑让自己丢掉了这个唾手可得的大单子，因为客户在等待的过程中又被其他公司的人劝服了，最终跟别人签了合约。

机会只有一次，这句话并不是空口无凭，而是在无数次的实践验证当中总结出来的。尤其是在职场上，时间不等人，我们不能让别人等待自己，只有永远在第一时间反应，永远发挥执行力，一刻不等地去“做”，才能把握住宝贵的机会。所以，千万不要给自己犹豫的机会，不要让自己的拖延症在犹豫的短暂一刻里萌发，我们就能快速提高自己的执行力。

【拖延症诊断】

一个有执行力的人，是怎么出现拖延症的呢？

1. 在制订日程的时候出现拖延

当我们在决定每日计划时，就会面临这第一道坎，你会不自觉地拖延敲定日程的时间，迟迟不确定何时去做这件事，最终可能几天、一周都过去了，你还是没有决定好在什么时候安排你的行程。

比如，当你和你的合作者确定两人见面、会谈的时间时，你们需要各自查看一下自己的日程表，然后确定一个双方都有时间的合适时机。此时，最高效的选择当然是双方都掏出自己的日程笔记本，互相查看并筛选一下，选出一个两人都空闲的时机。但大多数人并不会这样做，他们会这样回复对方：

“等我回去看看日程安排，到时候再跟你打电话。”

“时间我暂时确定不了，等有结果的时候我会通知你的，到时候你查看邮件就可以。”

一个“等我回去”“到时候”这样模糊的词语，就将本可以当即安排好的事项拖延下去了。如果双方都抱着这样的态度，全都要回去再找时间查看行程、互相讨论，恐怕浪费的时间都足以让他们开一场讨论会了。还有时候，我们甚至会将“安排时间开会”这件事忘在脑后，耽误许多不必要的精力，还可能让你的客户和合作伙伴不满。

2. 在实施前出现拖延

俗话说“万事开头难”，想要迈出第一步着实需要决断力，我的一些同事在做较复杂的任务前，就常常出现各种“拖延”状况：

“我今天还有几个别的任务，看起来比较容易，就先做简单的吧！”

“这个工作这么麻烦，先休息一会儿再说。”当然，这一休息可能就快到下班时间了。

总之，找理由把它往后挪是必然的，要么什么也不做，要么就一直在做简单的任务，反正就是不肯解决复杂的问题。

3. 在截止日期前因为拖延而突然紧张

一般这种情况，都是因为我们对时间的把握不够好，导致“前松后紧”。结果在任务的截止日期前，突然发现自己的时间不够用了，所以格外紧张——请注意，这时候的适度紧张可以提高我们的工作效率，但是过分紧张却只会让我们更拖延。

【“抗拖”方案】

1. 最好养成当场制订好日程、立刻决定计划的习惯

我的习惯很简单，就是随身带着我的日程表，只要遇到需

要安排新日程的情况，就将其掏出来给对方参考。如果对方也带着自己的日程表，那我们就可以互相比对、讨论，很快做出决定；如果对方没有带日程表，或者暂时不想做决定、要找借口拖延，当我拿出自己的日程表给对方看时，就已经表现了足够的诚意，一般不会再有人说“等我回去看看”，而是会根据自己的印象找出绝对空闲的时间，来确定我们见面的日程。

只要你的日程表里没有什么需要保持绝对隐秘的私事，都可以给你的合作者看。可能这一开始会让你觉得难为情，可时间久了你就会发现，它是个非常有效的办法。使事情变得高效是一方面，另一方面，当你展示你的日程表时，对方就会明确地知道你什么时候有空、什么时候忙碌，这样你再说出“不好意思，我那一天有事，我们换个时间”之类的话时，对方就不会产生被驳回的不满或认为你在敷衍他——毕竟，你是真的有事不是吗？

这就避免了和合作者之间产生摩擦，也减少了他们对你提出不合理要求的可能，让对方明白你的难处，他们就不会为难你。

2. 学会用“四象限法则”规划事情轻重

我们可以对每日日程进行一下衡量，根据“四象限法”来确定最先应该做的事是什么。然后，就立刻拿起自己的随身笔记本，针对我们在日程笔记本上确认的第一项任务，写下它的主题、起始日期、主要内容等一些任务的重要信息。这样一来，我们就确定要做这件事了。

之后，我们可以根据这些信息整理资料，并将其记录在系统笔记本上。当你在系统笔记本上记录这个任务时，还可以将原本记录在随身笔记本上的重点信息撕下来粘贴在系统笔记上，可以作为工作方向的参考和指导，也能时刻提醒自己任务的截止日期。

3. 不断提高自己的时间观念

要避免在截止日期前才出现任务堆积的情况，就需要我们提高自己的时间观念。这一点，可以利用之前所讲的便利贴法，在系统笔记本的右侧贴一个写有截止日期的便利贴，以保证在工作时随时提醒自己，什么时候是截止日期。

这些让我们高效工作、预防拖延症的小技巧，只要实施起来都能给你带来好的影响哦！

职场就是战场，学会服从才是天职！

有时候我们的职场拖延心态正来自于自己的“不服从”，因为缺乏组织纪律性，缺乏职场的服从心态，所以让我们对领导的话并不重视，对自身的任务并不关心，所以才觉得拖延并不算什么大事。殊不知，职场就像战场一样，每一个士兵都需要服从上级的安排，每一个员工也都应该按照公司的规划来做事，能不能服从，将直接关乎我们的职场发展。

如果能够培养起职场的服从心态，对应当完成的事情足够重视，就自然而然抵消了拖延症。拖延症与其说是行为问题，不如说是一种心态问题，只要摆正心态，再差的拖延习惯，也能在日常生活当中逐渐改变。

小张就职的公司是生产汽车用品的，前不久，公司刚接了一个大单子，所有员工都在加班加点地干活。经理表示这次的工作完成得好，大家都有奖金，所以虽然有些劳累，大多数员工还是痛并快乐着的。

小张却不这么想，他本身就是一个比较懒惰的人，平时工作不多时还看不出来，现在一忙起来他就天天想着如何偷懒，如何拖延任务。听说过节也不放假之后，小张干脆动起了找借口请假的心思。至于自己的工作，那当然是能拖一天是一天了！

于是在放假前，小张干脆没到公司来，直接跟经理请假说："我昨天不小心吃坏了东西，现在在医院，估计得打好几天吊瓶。"经理是个通情达理的人，虽然工作比较忙，但也不是就缺小张一个人了，所以他干脆地同意了小张的请假要求。

小张的计划成功，给自己骗来了好几天假期。他利用这几天专门去外地游玩了一圈，感觉身心放松，这才想起回来完成自己的工作。

然而，当他到达公司的时候，却被告知自己已经被炒鱿鱼了，这让小张有些莫名其妙，之前经理不是答应自己请假了吗，为什么还会出尔反尔？询问了相熟的同事才知道，经理考虑到小张自己一个人在外打拼，生病了也没人照顾，就让另一个同事去他们家探望了一下，结果发现大门紧闭，然后从邻居的口中得知了小张出去旅游的事情。小张的谎言被戳穿了，盛怒之下的经理当然不想再留这样一个人在公司。

小张的问题是因为他太倒霉了，还是因为他说了谎呢？都不是。追根溯源，还是他对公司任务的服从度不高，内心对自己的工作没有足够的重视，所以才想拖就拖，想推就推。在工作当中，如果我们也有比较强烈的服从意识，服从领导的安排，服从对我们任务的分配，就会有比较高的执行力，自然可以摆脱拖延症。

【拖延症诊断】

在职场上服从，有些时候是执行力的一种表现。执行力比较高的人都在一定程度上具备服从性，能够服从上级对自己的安排，才能毫不犹豫地执行自己的任务。而缺乏服从性，就相当于缺乏了一种重要的执行意识，我们自然会在完成任务时产生犹豫，受到其他想法的干扰，最终阻碍自己顺利完成工作。

一个缺乏服从性的职场工作者，可能在以下方面有所欠缺：

1. 不具备组织观念和集体意识

服从，在有些时候意味着少数服从多数，意味着要放弃一部分自己的想法和利益，而这在公司当中是非常常见的，我们都需要为了公司这个大的集体去牺牲一部分个人利益，这样才能获得更多的集体利益。而一个缺乏服从性的人往往不会这么想，他们更多地会从个人的角度出发去思考，不具备组织观念和集体意识，所以无法很好地完成上级下发的任务。

比如，在公司任务比较重的时期，每个人的工作都会变多。一个具备服从意识的人会接受这种现状，并且尽可能地尽快完成任务，因为这样才能让整个公司从巨大的压力负担当中解脱出来，自己才能获得更好的待遇和更高的薪资。

但没有服从意识的人往往无法从集体的角度出发去思考这些问题，他们只在乎自己最近的工作变多了，生活不便了，对待工作还是以能拖延就拖延的态度为主，并没有意识到当前自己应该做什么。这就不是简单的拖延症了，很多时候公司会直接解雇这些人——这是显而易见的。

2. 缺乏服从性的人可能不具备必要的责任感

如果不能服从公司的安排，不能按照别人的要求去做，能不能完成我们应完成的任务呢？也许一次两次可以，但长期来看是不能的。如果对自己的工作有责任感，明白自己负担的压力，知道自己在做什么，知道自己做的意味着什么，我们就会更有服从性，愿意去完成上面分派的任务；但大多数的不服从者并没有意识到这一点，他们不清楚自己身上肩负着怎样的任务，所以过于任性，完全按照自己的想法去做事，自然很难顺利完成工作。

3. 缺乏服从性的人，对于上级或同事可能缺乏尊重和认同感

在现实生活中，许多上司或管理者对自己的员工都是有所不满的，因为他们认为这些员工不够尊重自己，对自己的工作安排总是多有牢骚。许多领导在派发工作之后，下属并不能完全按照他们要求的去做，而是按照自己的想法去诠释、去偷工减料，最终工作的效果就与上司规划中的不一样。

你有没有想过这样的行为会造成什么结果呢？就是彼此双方都不愉快。领导发现自己安排的任务没有被很好完成，自然不愉快，他可能会将这种情绪转嫁到下属身上。而下属可能还会觉得这样的上司不可理喻，进一步的减轻对他的尊重和认同感。彼此之间缺乏尊重和认同感时，对对方的话就不那么重视了，也就不能按时完成对方交代的任务或工作。

【“抗拖”方案】

在职场中，服从性表现在哪些方面呢？我们应该具备怎样的意识，才能利用服从性击溃拖延症呢？

1. 你要知道服从跟盲从不一样

我们强调服从，并不是想把每一个职场人员都打造成只会盲从于上司的“无脑者”，不问是非的附和当然是不对的。我们的服从应该来源于彼此互相的尊重和认同，因为我们认同对方的行事方式，认同他们对工作的安排，所以才去服从。当你身处在一个让自己不认同的环境中时，强迫自己去服从，只会加重对工作的厌恶感，加重对职场的排斥，并不能产生积极的影响。所以我们强调的服从是在你认同的前提下，如果你认同别人的安排，那就应该用服从的态度认真完成自己的任务，以行动表现出自己的认同感。

2. 不要总去寻找让自己服从的原因

前面我们已经说过了，完成计划时我们不需要思考，因为思考就代表犹豫，就会影响我们的执行力，同样服从也不需要思考，不需要总是试图说服自己，只要无条件去服从，就会让我们具备足够的执行力。

我们之所以不能按照他人的要求将任务完成，就是因为我们对完成的解读与他人不同，我们不明白为什么要按别人安排的那样去做。这种困惑会让我们试图去寻找服从的理由，以此来说服自己，当我们发现找不到这种理由时，就会对任务产生不认同，进而变得拖拖拉拉，无法按照要求完成。但事实上很多时候这种理由并不是不存在，只是以我们的能力和眼界无法发现。所以，当你认为安排工作的人比自己能力更强时，对他的安排可以提出质疑，但千万不要产生不服从的想法。在真正开始工作之前，你们可以对疑惑的地方进行商讨，但开始工作之后不需要带着自己的解读，完美服从才是最好的解决办法。

3. 被动服从，不如主动去做

主动去做，意味着我们不用别人说就可以将任务很好地完成，这样具备主动性的人在企业当中将会有更好的发展，你能先人一步看到自己的工作，具备积极性和责任感。

而且在主动参与的过程中，我们会更多地理解到自己工作的意义，会产生更多的认同感，就可以让我们培养服从性，同时具备足够的主观意识。

学会做工作计划：越少才越好

如果你觉得自己缺乏执行力，没关系，可以通过做工作计划来解决。

当我们没有工作计划的时候，面对繁冗的工作内容往往会产生“无从下手”的感觉，因为不知道从何处开始、先做什么后做什么，所以觉得非常麻烦，进而会直接产生拖延的想法——“不如先放一放，等有心情再做”。但是，如果我们能在做之前列一个工作计划，将每个事项在什么时候做都安排好，就相当于铺就了一条执行的通途。

工作计划就是在给我们提高执行力，做计划相当于提升了执行的可能性，做起来就容易了许多。能够克服这个“开始”，后续的工作自然就简单了。但是要注意，我们的工作计划绝对不能贪多，每次坚持只做一件事最好，不然计划就没有存在的意义了。

李小姐注重提高自己的工作效率，甚至曾经专门去学习过如何提高自己的工作效率。所以，单从她的工作习惯来看，实在是无可非议地完美。但不知道为什么，李小姐的拖延症依旧没有因为良好的工作习惯而改变，她常常觉得无力而产生拖延的欲望，这让李小姐非常苦恼。

当她来询问我的时候，我仔细问了一下她的日程安排，发现她给自己做的每日计划实在是太“赶”了，经常在同一个时间段安排许多事，这样不被压力困扰才怪呢！

“没办法啊，我们外企的工作压力大，平时事情实在是太多了，所以只能这么安排。”李小姐指着自己某天上午的计划这样说。

在这天上午，她一共安排了 4 个小时工作，需要同时完成“周一的提案”“差一半的计划书”以及“向老板汇报一周工作”和“找财务报销”，这样并列安排的多项工作，让李小姐无法免俗地开始犹豫和纠结。

“到底先做什么好呢？”当她的计划中同时出现了许多工作，她就会花费很多时间进行排列、比较，希望找到先做的事情。当她开始这么做时，就显得自己的工作特别多，自然会产生疲倦感。

“为什么你不将计划写得更加仔细一些呢？将这 4 个小时再细分一下，保证每个时间段只在完成一件事。”我这样建议道。

“这样有差别吗？”李小姐如此回答我。

这其中的差别可大了！我们做计划的目的就是为了让自己在执行时“放弃思考”，不用去安排或犹豫先做什么、后做什么，所以我们才能不假思索地执行，行动力自然就发挥出来了。如果在计划过后还是那么繁杂，还是在同一时段安排了许多工作，我们的目的就无法达成，这样的计划就是无效计划。

【拖延症诊断】

需要用计划来安排工作的人，大多数都是容易犹豫、原则性不强的拖延症者。他们明白拖延的坏处，也不想有意去拖延，但因为总是抗拒不了拖延的诱惑，所以经常意志不坚定。对待这样的人，让他们减少做判断、做决定的机会，有意识地“说做就做”是最好的解决办法。

这些人往往在面临以下情况时会出现拖延症：

1. 需要完成的事项数量太多

当需要完成的事情太多时，哪怕每件事耗费的时间并不多，内容也并不困难，也依旧会给我们营造出一种“很忙很累”的心理假象。如果是意志比较坚定的人，可以克服这种心理暗示，有条理地将事情梳理好并做完，这就不会有什么问题了。

2. 需要完成的任务太庞大

有时，任务的数量可能不多，甚至只有一个，但是一个任务的总量却很庞大，涉及方方面面的问题，其完成周期也很长。在这种情况下，我们也会产生无从入手的感觉，很多态度不够积极的人就会产生畏难情绪，最终导致一拖再拖。

3. 需要完成的内容太困难

困难度也直接决定我们是否会拖延，面对困难的任务时，犹豫耗费时间长、精力多，我们也会产生希望拖延的想法。而这种倾向一旦产生了，就很难被打消，这是大多数拖延症者都会有的共同点。

【“抗拖”方案】

做工作计划的时候，有一个重要的原则，那就是“少即是多”。在每个时间段应该做最主要的一件事，不要给自己安排太过繁乱的工作，这样会影响你计划的执行效率。

“少即是多”，这个听起来有些“玄乎”的词汇事实上是许多职场精英挂在嘴边的词。有时，你抓住的信息越少，就说明这个信息越重要——前提是你抓住的信息是正确的。而能够做到既正确又简洁地总结信息，就说明你对自己的工作有深刻清晰的认识，而且概括能力强、效率高，这样的人一般都是公司的中流砥柱。所以，我们也应该向“少即是多”这个方向努力，如果能做到终极版，那恭喜你，你的能力已经达到足够的高度了。

首先应该关注计划里重要的信息，做到永远抓住重点。

与学习时不同，一个工作最重要的部分可能并不是计划里占据篇幅最多的内容，所以我们很难以篇幅大小来确定工作是否重要，而是要根据自己的理解和认识来判断。千万不要因为一些信息篇幅较少，就完全将其忽略，转而只在意那些篇幅多的内容，有时你要完成的重点可能就被这样的想法所忽略了。

如果你没有发现什么细节是重要的，再去根据篇幅大小来总结内容。

要注意，尽量关注主要的几个点，不要过多地在意不必要的工作。

举个简单的例子，当你的主题中有十个主要信息，其中两个信息占据整个主题将近70%的内容，而剩下的八个信息则是20%，而且这八个信息中没有你关注的重要内容，此时你应该怎么安排实施呢？是要将这十个信息都罗列出来、平均分配完成时间吗？

当然不是，我们只要将最主要的两个信息总结出来就可以了，剩下的可以适当“舍弃”，这就是工作中常见到的取舍。千万不要因为剩下的八个信息等级与主要的两个信息相同，就一定要加上它们，从重要性上来讲，它们完全可以不在总结的内容中。如果你都写上了，重要信息就一下子被变成了十个，只会让不够重要的信息分散掉重要信息的存在，让我们误以为它们都是同等地位的信息。

在同一时间段最好只安排一件事。

在前面我们已经说了，同一时间段最好只完成一件事，这样我们才能更加专注、不假思索地去做事。如果你安排的事情太多，那就将时间再一次重新规划、让时间单位更小，即便规划到了每一分钟，也要保证当前事项只有一件——这不仅仅是为了看着有条理，更是为了让我们发挥执行力。

拖延警报：传说中的“任务中段拖延症”

虽说“万事开头难”，尤其是对拖延症者来说，能开一个好头几乎就成功了一半，但并不意味着我们在完成任务的过程中只有开头难。当你要完成的任务周期很长时，在进入任务中段也很容易出现拖延症。

这就像长跑一样，当我们刚开始跑的时候，因为还没有疲惫，所以非常有劲头；当我们即将到达终点时，因为能够看到终点就在眼前，所以也会升起期盼和动力。此时最难熬的就是中段，身体疲惫、精神无力，我们看不到终点线在哪里，所以会产生茫然跟自我怀疑，此时的速度就是最容易降低的。

完成任务也是这样，当进行到任务中段时，一定要警惕自己犯了“任务中段拖延症”，防止自己因为精神疲惫而导致拖延。

小凯是个很有干劲的年轻人，工作效率很高，完成任务的态度也很积极，所以从来没被拖延症困扰过。他从没想到，自己有一天会在拖延症上栽一个大跟头。

这回是小凯第一次完成大项目，负责公司的外包的信息收集，从组织到安排工作都是小凯负责。因为是收集信息，所以项目周期比较长，一开始小凯并不觉得这算什么问题，但之后就发现了困难之处。

在刚开始做项目的时候，他凭借一贯的积极和热情很快就完成了寻找合作方、确定合作内容等环节，接下来要做的就是漫长的信息收集。这个过程比较枯燥，可以说每天的工作几乎都是千篇一律的，就让小凯不可避免地产生了厌倦感。与此同时，公司的同事们每天都在讨论“谁谁完成了任务，奖励多少钱”，“前两天老板派谁谁去总公司进修了”，仿佛所有人都在接受着新工作，只有自己一直跟这一个项目较劲。一下子沉寂下来，让小凯觉得很不适应，他很快就觉得百无聊赖了。

尤其是任务完成还遥遥无期，让小凯很快放松了对自己的要求——反正完成日期还早得很，偶尔耽误一下去干别的也没事。这样持续了两个月，小凯都没关注信息收集的任务，再去询问的时候才发现进度非常慢。

这时他才意识到问题，可是已经来不及了，最后他拖延了近三个月才将任务完成，被经理狠狠批评了一顿。

小凯这种情况就是典型的任务中段拖延症，在任务周期较长、完成内容比较枯燥的时候，我们的精神很容易疲倦，并产生厌倦感，如果没有其他外界的动力刺激，就非常容易陷入到拖延的困扰当中，最终因为拖延而耽误自己的工作。

更可怕的是，会产生任务中段拖延症就意味着任务量是非常大的，所以当我们意识到自己已经拖延了的时候，再赶进度就来不及了，这造成的后果比一般情况下的拖延更加难以弥补。

【拖延症诊断】

为什么会产生任务中段拖延症呢？我们需要从外因和内因两个方面去分析：

外因是客观的环境让我们更容易产生拖延。有很多人在其他工作中并不会出现拖延的情况，却会不知不觉地陷入任务中段拖延中，就是因为它的环境实在太具有引诱性和欺骗性。

项目周期很长的时候，我们就会产生“偶尔拖延也没问题”“反正怎样都能完成”的错觉，进而忽略了工作庞大的体量，导致最后加班加点也无法按时完成任务。

而且长时间的任务缺乏足够的奖励和吸引，让我们很难从外界获得肯定，就更容易产生疲倦感。这种问题也是任务本身带来的，具备特殊性。

内因则是自身的心理。如果缺乏积极的态度，很容易导致任务中段拖延。对于那些不会自我鼓励、自我安抚和排遣负面情绪的人来说，一旦工作变得枯燥、压力增大，就很容易出现拖延，所以这类人也是非常容易受到拖延症困扰的。

而且，当我们在任务中段的时候，很容易处在精神的松懈期和低落期，最容易受到负面情绪的困扰，或者感受到工作的枯燥无味。所以，此时更需要注意自身心理问题，防止出现心理或精神上的消极，导致拖延症爆发。

【“抗拖”方案】

如何改变自己的拖延情况呢？解决任务中段拖延症，可以从下面几个角度入手：

学会把一个长期的任务分解成几个小任务来做。

人们似乎更愿意完成容易完成的短期目标，而对长期目标比较抗拒。之所以如此，是因为在完成长期目标的过程中，我们无法体会到成功的喜悦和成就感，因为看不到目标，所以感到茫然，因为缺乏成就感，所以缺失了积极性。因此，我们完全可以把一个长期的目标划分为几个不同的阶段，每一个阶段变为一个小任务，当完成阶段性任务的时候，我们就会受到激励，从而保持住自己的积极性。这样不仅可以方便我们抵抗拖延症，也能让我们重拾工作中的激情。

我们应该让自己更有紧迫感，对时间应该有更强的观念。

当一个任务完成的时限是以月为单位时，我们往往会觉得很长，但如果转变成天，大多数人立时就能感受到时间的变化，从而产生紧迫感。所以，我们要始终学会强调时间观念，这样才能避免在任务中段的时候，因为错误地认识时间而出现拖延的情况。当你始终对时间有清晰认识时，就算任务的时间很长，也不会让自己变得懈怠——因为你明白时间并不够用。

经常思考按时完成任务能带来怎样的奖励，以此激励自己抵抗拖延。

从心理学上看，思考完成任务能给自己带来什么好处，比思考完不成任务会带来什么坏处，更能激励我们产生工作的积极性。总是想着后者，反而会让我们的拖延症越来越严重；相反，通过奖励来引诱自己，我们往往能更直接地产生激情。假如完成任务的奖励不足以让我们产生工作的激情，那又怎么办呢？很简单，学会自己犒赏自己，不管是怎样小的一个任务，只要完成了就给自己一些奖励，学会自我庆祝，能让我们更好地投入到下一阶段的工作当中。

你大脑中的表坏掉了吗？——时间观念决定你的执行力

时间是什么？它是一件可以被节省、花费或浪费的东西，像金钱；或者是我们无法控制的东西，像天气。无论你走到哪里，一分钟是60秒，一小时是60分钟，一天是24小时，所以“时间观念”似乎一直存在于我们心中，但是事实真的如此吗？

现在所有人都知道，时间是一种宝贵的资源，然而并非所有人都能很好地安排时间，他们的时间观念并不强。因为时间观念不强，所以我们才会缺乏执行力、缺乏执行的积极性。如果你能清晰地认识到时间的重要性和紧迫性，也许执行力就会有所提升。

对小江来说，拖延不可怕，可怕的是很多时候他并没有意识到自己在拖延。如果他意识到自己在拖延，就会用非常积极的态度改变自己的工作方式，有意识地提升效率，并弥补之前拖延掉的时间，甚至在一开始就解决这个问题，压根儿不给自己拖延的机会。所以，小江的困扰在另一方面，那就是他常常无意识拖延，等到自己注意到时已经拖了很久。

比如上周三前，领导让小江整理一份计划书，在周一时交上。对小江来说，这根本不算是什么大任务，想到自己还有两个工作日和周末可以用来做这件事，小江就感到很放松。因为手中有其他的工作，所以他暂时没有去做这份计划书，但在他的意识里，这是绝对不需要拖延的。

小江虽然有不拖延的意思，但是缺乏时间观念，他用两个工作日完成了手中的工作，还在周末出去痛快地玩了一次，等到自己想起做计划书时，时间早就来不及了。小江心里很懊悔，又非常纳闷，明明自己也没干什么，时间为什么过得这么快呢？

这种无意识的拖延最为致命，正是因为没有意识到自己在拖延，所以才猝不及防。出现小江这样的问题，主要是因为时间观念太差了，并不清楚什么时候应该做什么，应该给自己要做的事情留出多少时间，所以最终计划总是赶不上变化，时间总是不知不觉就不够了。

时间就像金钱一样轻易地从我们的手中溜走，也和天气一样是很难预测的。然而，时间是生命中最珍贵的礼物之一，我们必须要学会享受它并且将其物尽其用。

【拖延症诊断】

缺乏时间观念的人，首先是不会对自己的时间进行规划、不会做计划表的人。因为不能进行明确的计划，所以他们并不清楚自己手中到底有多少事情要做，有多少时间可以利用，工作总是安排得一塌糊涂，只有在截止日期前，才会发现自己还有很多东西没有做。假如他们能够学会做计划，就会有更强的时间观念，自然就能避免一些不必要的拖延。

其次，缺乏时间观念，可能是因为我们给自己的任务留出了太多时间。因为完成的时限非常宽裕，所以自然会产生懈怠感。如果一件三天之内就可以完成的事，硬要给对方七天期限，对方反而会因为宽裕的时间而失去时间观念，导致更难按时完成。

同时没有意识到时间的重要性，也会让我们缺乏时间观念。这种观念问题是致命的，一个能意识到时间重要性的人才有机会成功，如果你一直都没意识到时间很重要，要么就是你总在完成一些可有可无的工作，发展前途和能力有限，要么就是你给自己定下的目标和工作量太低了，还没能发挥出自己全部的潜力。

【“抗拖”方案】

1. 意识到时间是一种有限的资源，管理好时间

我遇到过一些普遍意义上的“成功人士”，在我眼中，他们的共同点就是都会管理自己的时间。相当多的人经常参加有关时间管理的研讨会或阅读相关书籍，他们似乎都想把自己的时

间安排得更好。

这些人用计划表来约束、管理自己的时间，比如时刻记录某件事的开始和完成期限，不断提醒自己要在何时完成它，你会发现他们尽其所能去挤出更多的时间。

早期的美国英雄本杰明·富兰克林表达了这样的观点："你热爱生命吗？那么不要浪费时间，因为生命是由时间组成的。"

2. 学会守时，尊重别人也尊重自己

对大多数人来说，守时是一种尊重他人时间的方式。约会迟到超过10分钟我们就需要道歉，也许还需要详细解释，如果迟到一定要打电话通知别人。

在职场上，我们必须要学会尊重别人的时间。当你计划一项活动时，最好提前几天或几周安排时间，并且提前通知可能涉及的人。如果人们想要到你家里来一次友好的拜访，他们通常会先打电话确认是否方便，只有非常亲密的朋友才会突然"失言"，这就是一种对他人的尊重。

同时守时也是对自己的一种尊重，如果你都不能尊重自己的时间，只会让拖延的情况越来越严重，因为你并没有将按时完成任务看作是一件重要的事情。这种态度直接影响到我们的时间观念，让我们成为一个时间意识更加模糊的人。

3. 在工作中不断提醒自己时间的变化

很多时候我们之所以缺乏时间观念，就是因为并没有意识到时间在快速消逝。当你在消磨时间时，可能一抬头就发现已经过去了三四个小时，你在震惊于时间的飞快流逝，其实这正是因为过程中你并没有不断提醒自己时间的变化。

为了解决这一问题，我们就需要制订一个更加详尽的计划，将时间分配得更短，在每个小时就给自己一个契机，让自己意识到时间在变化，这样我们的紧迫感就会更强，效率也会更高，执行力自然就提升了。

【技巧延伸】通过制订月计划加强执行力

在工作中，有许多事项都无法在一日之内完成，而是有一定的周期。所以，每日计划的安排虽然详细、有实用价值，却缺乏大局性。想要安排好自己的工作，就要先从整体上去分析、去设计，然后再将任务分配到每天，成为每日的具体计划。所以，我的日计划其实是基于月计划这个大的目标来做的。

为什么不将眼光放得更远、干脆弄个年计划？这是因为一年的周期太长，我们无法预估未来一年要面临的工作，却可以安排下个月的主要事项。一个月，是能够引导、安排我们工作的最佳周期，所以日计划太小、年计划太空泛，月计划刚刚好。

第一步，要以月为单位做计划，首先需要对你最近的待办事项进行回忆和整理。将你最近这段时间想要做的、需要做的事列一个清单，这就是你要安排日程时的参考资料了。

要注意的是，千万不要怕事情小、占用的时间短就不去写，你可以尽可能多地将你想要做的事情写出来，大到完成一个项目，小到看一场电影，都可以列入其中。只有写下来，你才不会忽略它，我们可以暂时不去做，但不能不将它列出来。

第二步，就是按照事项的紧急程度，给它们排排序，将下个月要做的事先筛选出来。对我们来说，每个月能做的事是有限的，可能你的计划列得有些多，一时完成不了。没关系，这时就按照四象限法则，对事项进行排列，把重要的、紧迫的排在前面，在下个月优先完成。

然后，你就得到了一个下个月的待办事项计划，当然，这只是最原始的计划，在真正实施的时候肯定要进行修改和整理。

第三步，就是要深入地分析下个月的待办事项，将它们大致地安排到每周甚至特定的日期中。此时，我们可以做一个月历表格，将每个事项拆分开进行简要的安排。

有些事项是不必写在月历表中的，如“下个月要背诵 300 个单词”“每天锻炼身体半小时”，这样的计划是非常明确地、需要每天做一部分的，就可以单独写在一边，不必填在月历表格之中，之后只要将其写在日计划里就可以了。但有的事项是需要进行简单安排的，比如“下月第一周举办促销活动”，促销活动的不同流程可以分别写在月历表对应的日期下，比如周一搭建展台、周二准备产品等。

还要注意的是，这样的月计划表不必写得非常明确，因为我们每天都有单独的计划表，只要能让自己一目了然即可，所以，可以按照“3W”的法则去写，当然，此时的“who”就可以替换为“where”了，因为这些都是你自己的任务，不必再点明责任人。

记录下何时、何地做何事，一个简单的事项安排就有了。除此之外，我们还可以将月计划里特殊的日子标记出来，比如“11 号要去出差”“27 号过生日”等，发挥其月历的效果。

这样制订出来的月计划比较粗糙，只有大略安排，不过好处是将所有需要做的待办事项都写清楚了。这样，等到我们记录每天的日程时，只要参考月计划来做，就绝对不会忘记重要事务，更不会浪费我们的时间，觉得“无事可做”。